Python による
計算物理

大槻純也 著

JN028213

森北出版

はじめに

　本書では，物理系の学生にとって身近な方程式を取り上げ，それを Python を使って数値的に解く方法を示します．それにより，計算物理の実践的な力を身につけることを目指します．以下の特徴があります．

- **例題を取り上げ，サンプルコードを示して解説します．**
- **サンプルコードでは，数値計算ライブラリを積極的に使います．**

　プログラミング言語を取り巻く環境は，筆者が学生の頃に比べて大きく変わりました．当時は，数値計算といえば C/C++ か Fortran の 2 択でした．筆者も当然のように C/C++ を学び，長らく研究で使用してきました．しかし最近では，Python を使用する機会のほうが増えてきました．Python はとにかくシンプルな記述が可能です．それでいて，数値計算に特化したライブラリが充実しているため，研究にも十分使用できます．Python は，これから数値計算を学ぶ学生の有力な選択肢になっています．

　これに対応して，計算物理を学ぶ（教える）方法も見直す必要があります．計算物理の伝統的な教科書では，まず計算アルゴリズムの解説があり，その中から簡単なものを選んで実装するのが一連の流れです．しかし，Python ではライブラリが充実しているので，基本的なアルゴリズムを自分で実装する必要はありません．むしろ，「自分で実装してはいけない」といっても言い過ぎでないくらいです．ライブラリを積極的に使ってプログラミングにかける時間を減らし，浮いた時間を結果の解析やもっと難しい問題に取り組む時間に充てるべきです．

　ただ，ライブラリを使って解けるからといって，アルゴリズムを知らなくてよいというわけではありません．ライブラリを正しく使うためには，アルゴリズムについての知識が必要です．そこで本書は，解法 の節で，アルゴリズムを「使うため」に必要な知識に重点をおいて解説します．これは，アルゴリズムを「実装するため」の知識とは別物です．たとえば，ライブラリを使うには，「この問題を解くならこのアルゴリズムを選ぶべき」とか「このアルゴリズムならこのパラメータを指定しないといけないはず」といった感覚を身につけておく必要があります．

本書の解説では，筆者が重要と思っている以下の 2 点を繰り返し強調しています．

(1) "Pythonic" なコーディングに慣れる．

(2) 公式ドキュメントを調べる習慣をつける．

1 つめは，Python という言語の特徴と関連しています．Python では，基本的な操作を集めたモジュール（関数の集まりのこと）や高度なライブラリが充実しており，それらを非常に簡単に使用することができます．部品を組み立てるようにしてコーディングするのが Python 流です．一方，C/C++ や Fortran などのコンパイル言語は，部品を一から自分で作って組み立てるというイメージです．その点，C/C++ やFortran に慣れた人からすると，Python は独特です．それらの言語の "直訳" では，Python の長所を生かせません．用意された部品を極力使い，なるべく自分で書く部分を減らすことで，コードがシンプルになるだけでなく，コンパイル言語と遜色のない実行速度を実現することができます．

　2 つめは，正しい情報を得ることの重要性についてです．Python に限らず，プログラミング環境は日進月歩です．ある時点で新しい解説記事も，時間の経過とともにすぐに古くなってしまいます．実際，インターネット上には古い情報が溢れています．そこで本書では，ライブラリの使い方の解説だけでなく，ライブラリの「正しい使い方の調べ方」の解説にも重点をおいています．そのほうが長く広く役に立つからです．正しい情報を得るためには，公式ドキュメントを参照することがもっとも重要なのですが，公式ドキュメントは多くの場合，英語で書かれています．英語のドキュメントを読むことに，最初は躊躇するかもしれません．少しでもそのハードルを下げるために，本書では，公式ドキュメントの記述と対応させながら，ライブラリの使い方を読み取るような解説にしています．また，本文中のプログラミング用語には英単語を併記するようにしています．

　本書を読み進めていくうちに，計算物理の知識が深まると同時に，上記の 2 点が自然に身につくことを期待しています．

　本書の執筆にあたり，多くの人に協力をしていただきました．とくに，品岡寛氏，吉見一慶氏からは，共同研究を通じて，Python での効率的なコーディング法やプログラミング全般について学びました．那須譲治氏，中惇氏には，題材に関する相談に乗ってもらったり，原稿に関するコメントもいただきました．森北出版の大野裕司氏には，ウェブページで公開していた私の講義資料をもとに企画を提案していただき，内容に関する相談，出版まで非常に丁寧に対応していただきました．それ

により，ある意味趣味的であったウェブページが1つの教科書としてまとまりました．ここに感謝いたします．

◆──本書の構成

　各章は独立した構成になっていて，興味のある章を選んで読むことができます．参考のために，本書の読み方の例を以下に2つ示します．

計算物理や数値計算についてしっかりと学びたい人

　　最初から順番に読み進めていけば，計算物理で用いられる標準的な解法や数値計算法を一通り学べるようになっています．第1章では，Python を用いた数値計算の基礎をコンパクトにまとめてあります．第2章以降で扱う題材は，物理学科の標準的なカリキュラムと同じように，「古典力学」「振動・波動」「量子力学」「量子統計力学」の順番になっています．したがって，自然に読み進めることができると思います．各章では，まず問題を解くために必要な 解法 を学び，それを応用して 例題 を解く構成になっています．

とにかく具体的な物理の問題を解いてみたい人

　　例題 の中から興味のあるテーマを選んで，サンプルコードを実際に実行してみてください．例題では，はじめに問題の物理的な背景を簡単に説明したのちに，サンプルコードを示し，それにより得られた結果を紹介しています．サンプルコードを自分で動かしてみて，計算方法でわからないところがあったり，より発展的なことをやってみたいと思ったら，解法 の該当部分を読んで再チャレンジしてください．

　なお，本書に掲載されているプログラムは，下記のウェブページからダウンロードできます．

https://j-otsuki.github.io/comput-phys-book/

目次

第 **1** 章 計算物理のための Python 入門

この章では，計算物理に必要な Python の基礎事項を解説します．Python の基本的な文法については一通り学んでいる読者を想定しています．たとえば，for ループを使って 1 から 10 までの整数の和を計算できる，くらいの知識は前提としています．この章の内容はその次のステップ，すなわち，数値計算で必要となる各種ライブラリ NumPy/SciPy/Matplotlib を使うための基礎事項です．

数値計算には **NumPy ライブラリ**の知識が不可欠です．「数値計算に Python が使えるのは NumPy があるから」といっても言い過ぎではありません．そして，より高度なアルゴリズムは **SciPy ライブラリ**に含まれています．計算物理では，NumPy とあわせて SciPy も自由に使えるようになると，できることが格段に増えます．さらに，**Matplotlib ライブラリ**を使ってささっと図が描けると，より効率が上がります．本章はこれらのライブラリの最小限の解説です．次章以降の例題のプログラムを理解するために必要な知識をコンパクトにまとめました．より詳しい解説は，付録 A〜C にまとめてあります．そちらもぜひ一度目を通してみてください．

本書では，Python のバージョンとして 3.6 以上を想定しています．

1.1 │ なぜ Python を使うのか

Python の最大の特長は，洗練されたシンプルな記述法にあります．科学技術計算で標準的な C/C++ や Fortran などの言語に比べると，少ない行数でとても簡潔に書くことができます．また，Python はスクリプト言語なのでコンパイルの必要がなく，そのまま実行できてすぐに結果が得られます．

Python にはライブラリがとても豊富に用意されています．標準ライブラリ以外にも，さまざまなパッケージがリポジトリに登録されており，コマンド 1 つ（あるいはクリック 1 つ）で手軽にインストールできます．本書でも取り上げる，NumPy/SciPy/Matplotlib などのライブラリを使うと，科学技術計算に必要な要素のかなり

の部分をカバーできます．たとえば，線形代数演算といえば BLAS や LAPACK ラ
イブラリ[注1]を使うのが標準的ですが，NumPy や SciPy は内部でそれらのライブラ
リを使用しています．そして，インターフェース（関数などの呼び出し方法）がシ
ンプルなので，C/C++ や Fortran よりも極めて簡単に LAPACK を利用できます．
いわれなければ LAPACK を使用していることに気づかないくらいです．

　一方，Python の欠点は一部の処理が遅いことです．とくに，for ループを使用
すると極端に遅くなります．それは，Python がスクリプト言語であるためです．C
言語や Fortran であればコンパイル時に行う変数の型判定を，Python では実行時
に行うため，オーバーヘッドが発生することが原因です．

　Python の特長を生かし，欠点を表に出さないためには，Python 特有の（Pythonic
な）実装が必要です．それはひとことでいえば，なるべく**自分で実装しない**こととい
えます．極力関数を使用して，実装部分を減らすのがコツです．たとえるなら，ブ
ロックを組み立てるようにしてコードを組み上げます．ブロックは行列の生成や掛
け算などの基本的なものから，対角化，積分，多変数最適化などの高度なものまで
豊富に用意されています．そしてそれらのブロックは，C/C++ や Fortran で書か
れてコンパイルされた高速なものです．ブロックをつなぐインターフェースとして
Python を利用すれば，C/C++ や Fortran よりも簡潔な記法でそれらと同等の計
算速度が実現できます．

1.2 | NumPy

　この節では，数値計算に欠かせない NumPy ライブラリの解説をします．NumPy
を自在に使いこなせるようになることが本書の目的の 1 つです．本章で基礎事項を
押さえ，次章以降の例題を通して，ぜひ NumPy に慣れてください．

　NumPy を使うには，以下の 1 文により，numpy パッケージをインポートします．

```
import numpy as np
```

この文は，「numpy パッケージを np という別名で使用します」という意味です．数

注1　BLAS は Basic Linear Algebra Subprograms の略，LAPACK は Linear Algebra PACKage の略
で，それぞれ線形代数の基礎演算と高度な演算の機能を含む大きなライブラリです．どちらも Fortran
で書かれています．

値計算には NumPy が必須です．この 1 文は必ず書くと思ってください．

　NumPy に含まれる関数やクラスのすべての説明は，公式ドキュメントの「NumPy Reference」のページにあります．非常に重要なので，リンク

$$\text{https://numpy.org/doc/stable/reference/index.html}$$

と画面のキャプチャ画像を掲載しておきます（**図 1.1**）．ウェブ検索する場合は，キーワード「numpy reference」を含めてください．とくに，このページの「Routines」以下の項目に，有用な関数やクラスがまとまっています．

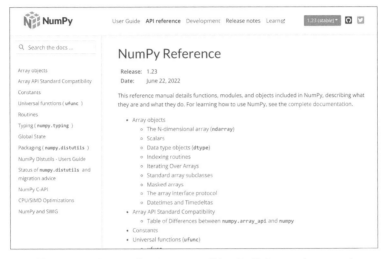

図 1.1　NumPy の公式ドキュメント「NumPy Reference」のページ

　本書は，NumPy バージョン 1.19.5 で動作確認をしています．

1.2.1 ｜ NumPy 配列の使いどころ

　NumPy ライブラリの主役は，`numpy.ndarray` という名前のクラス[注2]です．このクラスは多次元配列を保持し，その配列に対する基本的なメソッドも提供します．また，NumPy には `ndarray` オブジェクトどうしの演算など，豊富な関数も用意されており，ほとんどの場合，配列の要素に対して for ループを回すことなく多次元配列の各種操作や演算が実行できます．以下では，`ndarray` クラス自身もしくはそのオブジェクトを「NumPy 配列」とよびます．

注2　クラス，オブジェクト，メソッド，変数などの用語については，A.7 節を参照してください．

NumPy 配列と Python 標準のリスト型では，同じようなことができます．リストはパッケージのインポートが不要なので，はじめはリストを優先的に使いがちです．しかし，数値計算では基本的に**リストではなく NumPy 配列を使う**と覚えてください．NumPy 配列を使ったほうが計算速度が圧倒的に速いからです．その理由はデータ構造にあります．**図 1.2** は，物理メモリ上におけるリストと NumPy 配列のデータ配置をそれぞれ模式的に表したものです．リストはデータ（オブジェクト）への参照（オブジェクトを指し示すリンクのようなもの）を複数保持し，実際のデータはメモリ上の別のところにあります（図(a)）．オブジェクトへの参照をもっているのが変数である➡A.7節ことを踏まえると，リストは変数の集合といえます．

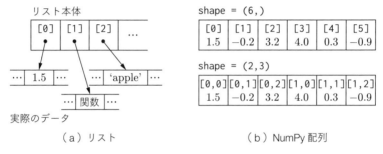

図 1.2　物理メモリ上におけるリストと NumPy 配列の違い

　一方，NumPy 配列が保持するデータは，物理メモリ上に連続的に配置されていることが保証されています（図(b)）．また，配列のすべての要素が同じ型をもつので，全要素に対する一括操作が可能です．その意味で，C 言語や Fortran の配列に対応するのは，リストではなく NumPy 配列です．実際，NumPy 配列に対する基本操作を行う関数は，C 言語や Fortran で書かれてコンパイルされた実行ファイルであり高速です．NumPy ライブラリに含まれる関数を組み合わせて，ブロックを組み立てるようにプログラミングをすれば，Python 特有のシンプルな記法で，C 言語や Fortran と遜色ない計算速度が得られます．

　数値計算ではリスト型よりも NumPy 配列を優先的に使うと述べましたが，逆に，NumPy 配列ではなくリストのほうが好ましい場合を挙げておきます．

（1）異なる型をもつデータを配列にしたい．
（2）数値以外のデータ（文字列や関数など）を配列にしたい．
（3）配列の要素数が事前にわからない．

（1）の場合はNumPyでは扱えません．リスト一択です．（2）の場合はNumPy配列でも扱えますが，数値以外に対してはNumPyライブラリの豊富な関数が使用できないので，NumPy配列を使うメリットがあまりありません．（3）の場合は，まずリスト（aとします）にデータを追加（a.append(x)）していき，データが出そろったあとで，リストをNumPy配列に変換（b=np.array(a)）します．なお，NumPyにもnp.appendという名前の関数が用意されていますが，これは実行するたびに新しい配列を作り直すので，非常に遅いです．とくに，np.appendをforループ内で繰り返し呼び出すことは極力避けてください．

1.2.2 | NumPy 配列の初期化

　NumPy配列を生成して初期化するには，配列の形（shape）とデータ型（dtype）を指定してnp.zeros関数を呼び出します．以下に例を示します．

```
array1 = np.zeros(10, dtype=float)  # shape=(10,)のfloat型配列
array2 = np.zeros((10, 2), dtype=int)  # shape=(10, 2)のint型配列
array3 = np.zeros((4, 3), dtype=complex)  # shape=(4, 3)のcomplex型配列
array4 = np.zeros((10, 2))  # 型を省略するとfloatになる
```

これにより，ゼロで初期化されたNumPy配列が生成されます．dtypeオプションを省略すると，float型になります．数値計算ではデータ型を意識しておくことがとても重要で，慣れるまではなるべく省略せずに書くことをお勧めします．ゼロ埋めされた配列を取得したら，

```
array3[0, 2] = 0.5j
```

のように数値を代入できます．np.zeros関数の代わりにnp.empty関数を使うと，ゼロ埋めが省略されます．

```
array1 = np.empty(10, dtype=float)  # ゼロで初期化されない（値はランダム）
```

この場合は，配列を取得したあとですべての要素に値を代入する必要があります．ゼロ埋めが省略される分だけnp.zerosよりも高速ですが，よほど速度が気になる場合を除いてnp.zerosを使っておけば問題ありません．

　リストからNumPy配列を生成することもできます．それには，np.array関数を使って，次の例のように生成と同時に値を割り当てます．

```
array1 = np.array([[0, -1j], [1j, 0]], dtype=complex)
```

dtype オプションを省略すると，型が自動的に選ばれます．このほかにも，さまざまな生成関数が用意されています．詳細は B.1 節を参照してください．

1.2.3 ｜ **NumPy 配列の基本情報の確認方法**

NumPy 配列の基本的な情報は，`numpy.ndarray` クラスのプロパティを直接参照することで確認できます．おもなものに，`dtype`, `shape`, `ndim`, `size` があります[注3]．例を示します．

```
>>> v = np.zeros((3, 10), dtype=complex)
>>> v.dtype  # データ型
dtype('complex128')
>>> v.shape  # 配列の形
(3, 10)
>>> v.ndim  # 配列の次元
2
>>> v.size  # 配列のサイズ（全要素数）
30
```

データ型の `complex128` は，128 ビットの複素数型を表しています．実部と虚部がそれぞれ 64 ビット ＝ 8 バイトということなので，倍精度の複素数型を意味します．

Python では，C 言語や Fortran と異なりデータ型をあまり意識せずにコードを書くことができます．しかし，数値計算においてはデータ型を意識しておくことが重要です．そのため，いま扱っている配列が整数なのか実数なのか複素数なのかをなるべく意識するようにしてください．とくに，実行時エラー（runtime error）が発生したときには，まず NumPy 配列の基本情報を参照し，想定しているとおりのデータ型・形になっているかを確認することが重要です．

1.2.4 ｜ **演算規則と数学関数**

四則演算を含む NumPy 配列どうしの算術演算や比較演算は，すべて**要素ごと（element-wise）の演算**になります．該当する演算を以下に列挙します．

- `+`, `-`, `*`, `/`：四則演算（和，差，積，商）
- `//`, `%`：商（小数点以下切り捨て），余り
- `**`：累乗

注3　中でも shape はとくに重要です．本書では，shape を「形」あるいはそのまま「shape」と表記します．「サイズ」は全要素数を表す size と混同するため使用しません．

- ==, <, >, <=, >=, !=：比較演算
- <<, >>：ビットシフト（左，右）
- &, |, ^, ~：ビット演算（AND, OR, XOR, NOT）

上記の中で，掛け算 * は 2 次元配列に対しても行列積にはならないので注意してください（行列積は 1.2.5 項を参照）．NumPy 配列どうしの演算は要素ごとの演算なので，同じ形（shape）の配列どうしに対してのみ行います．以下に例を示します．

```
>>> x = np.arange(6)  # 0から6未満の整数配列を生成
>>> x
array([0, 1, 2, 3, 4, 5])
>>> y = np.arange(6) * 10  # 0から6未満の整数配列に10をかける
>>> y
array([ 0, 10, 20, 30, 40, 50])

>>> x + y  # 要素ごとの和
array([ 0, 11, 22, 33, 44, 55])

>>> x * y  # 要素ごとの積
array([  0,  10,  40,  90, 160, 250])
```

2 次元以上の配列に対しても，同様に要素ごとの演算です．

上の例の配列 y で示したように，NumPy 配列とスカラー量の間の演算は，配列の各要素とスカラー量の間の演算になります．つまり，スカラー量がすべての要素にばらまかれて，要素ごとに演算が実行されます．これを**ブロードキャスト（broadcast）**あるいは**ブロードキャスティング（broadcasting）**とよびます．例を示します．

```
>>> x * 2  # 掛け算
array([ 0,  2,  4,  6,  8, 10])

>>> x**2  # 累乗
array([ 0,  1,  4,  9, 16, 25])

>>> x == 2  # 比較
array([False, False,  True, False, False, False])
```

なお，異なる形の配列どうしでも，ブロードキャスティングのルールに従って演算が実行される場合があります．しかし，予期せぬエラーを防ぐために，NumPy 配列を含む演算は**同じ形の配列どうしまたは NumPy 配列とスカラー量の間に対してのみ使う**のが無難です．

三角関数や双曲線関数などの基本的な数学関数は，NumPy ライブラリに用意されています．これらの関数は**ベクトル化（vectorized）**されており，NumPy 配列

を受け取ると，要素ごとに関数を評価し，結果を入力と同じ形の配列として返します．たとえば，$\sin x$ を $x = [0, \pi/2]$ の範囲で適当な間隔で計算したいとします．その場合は，以下のように書くことができます．

```
>>> x = np.linspace(0, 1, 5) * np.pi / 2  # 等間隔の配列を生成
>>> y = np.sin(x)  # np.sin()にNumPy配列を入力
>>> print(x)
[0.         0.39269908 0.78539816 1.17809725 1.57079633]
>>> print(y)
[0.         0.38268343 0.70710678 0.92387953 1.        ]
```

関数がベクトル化されているので，明示的に for ループを回す必要はありません．数学関数は標準ライブラリの math モジュールにも用意されていますが，同名の関数が math モジュールと NumPy ライブラリの両方にあったら，NumPy のほうを使うことをお勧めします．その他の数学関数については，B.2 節を参照してください．

　NumPy のブロードキャストの機能やベクトル化された関数は非常に強力です．Python では for ループの処理速度が遅いことはすでに述べました❶ 1.1節．これは NumPy 配列にも当てはまります．しかし，NumPy の演算規則や関数を使うことで，for ループが関数の内部で実行されるため，C/C++ や Fortran と同程度に高速な処理が実現できます．記述もシンプルになるので一石二鳥です．

1.2.5 ｜ ベクトルと行列

　ベクトルと行列は，それぞれ 1 次元と 2 次元の NumPy 配列を使って表します注4．初期化には，1.2.2 項の一般的な方法を使用します．ベクトルや行列の演算には，以下の演算子を使います．

- +, − ：和，差
- @ ：行列積（行列−ベクトル積なども含む）

+, − を含めて，1.2.4 項に挙げた記号はすべて要素ごとの演算になります．とくに，**記号 * は行列積ではない**ので注意してください．行列積には，記号 @ を使います．記号 @ はほかにも，行列−ベクトル積やベクトル−ベクトル積（内積）なども行える有用な演算子です．以下に使用例を示します．

注4　np.matrix という行列専用のクラスもありますが，np.matrix は現在では推奨されておらず，将来廃止されます．ウェブ検索をすると matrix クラスを使った方法も出てきますが，古い情報なので気をつけてください．公式ドキュメントを参照することの重要性がわかる例です．

```
>>> mat = np.arange(4).reshape(2,2)  # 行列は2次元配列で表す
>>> mat
array([[0, 1],
       [2, 3]])

>>> vec = np.array([1,-1])  # ベクトルは1次元配列で表す
>>> vec
array([ 1, -1])

>>> mat @ mat  # 行列-行列積
array([[ 2,  3],
       [ 6, 11]])

>>> mat @ vec  # 行列-ベクトル積
array([-1, -1])

>>> vec @ mat  # ベクトル-行列積
array([-2, -2])

>>> vec @ vec  # ベクトル-ベクトル積（内積）
2
```

　ベクトルはあえて縦ベクトル・横ベクトルを意識せずに，1 次元配列として構いません．記号 @ の右側におかれた場合には縦ベクトル，左側におかれた場合には横ベクトルとして演算されます．

　ベクトルどうしの外積やその他のベクトル演算・行列演算も，関数として用意されています．詳細は B.7 節を参照してください．

　計算物理では，行列要素の多くがゼロである**疎行列**（**sparse matrix**）がよく現れます．その場合には，疎行列専用のクラスを使用すると，ゼロ以外の要素のみが保存され，物理メモリを節約できます．さらに，疎行列の特性を生かして行列積を効率よく計算したり，疎行列専用のアルゴリズムを利用して連立方程式や固有値問題などを高速に解くことが可能です．疎行列クラスの詳細は，3.2 節を参照してください．

1.3 | SciPy

　SciPy は，NumPy には含まれていない，より高度な数値計算アルゴリズムを提供します．NumPy が配列に関する基本機能の集合，SciPy がアルゴリズムの集合という位置づけです．本書では，NumPy だけでなく SciPy も利用し，なるべく自

分で実装する部分を減らして計算物理の問題を解いていく方針です.

　SciPy は, 機能ごとに分類された多くのサブパッケージで構成されます. サブパッケージの一例を, 以下に示します.

- `linalg`：線形代数➡B.7節（連立方程式➡3.7節と固有値問題➡4.2節）
- `sparse`：疎行列➡3.2節
- `integrate`：数値積分➡5.3節と常微分方程式の解法➡2.2節
- `optimize`：最適化問題と非線形方程式の解法➡5.5節
- `special`：特殊関数
- `fft`：高速フーリエ変換（FFT）注5

これらの機能を使用するには, サブパッケージを指定して, 次のように個別にインポートする必要があります注6.

```
from scipy import linalg
from scipy import integrate, optimize
```

上記のリストに挙げたサブパッケージに含まれる一部のクラス・関数は, それぞれ示した節で詳しく解説します.

　実際に SciPy を使用する際は, 公式ドキュメントを参照することが不可欠です.「SciPy documentation」と検索すれば見つかります. URL も載せておきます.

https://docs.scipy.org/doc/scipy/index.html

関数やクラスの詳しい解説は,「API reference」以下にあります.

　本書は, SciPy バージョン 1.5.4 で動作確認をしています.

1.4 | Matplotlib

　Matplotlib はグラフ描画用のライブラリです. 数値計算の結果を簡易的に確認するだけでなく, 論文やプレゼンにもそのまま使える見栄えのよいグラフ作成までできる高性能なライブラリです. Python の中で数値計算からグラフ化まで一貫して

注5　以前は fftpack サブパッケージが使われていましたが, 現在では fft が推奨されています.
注6　import scipy でパッケージをインポートしても, サブパッケージは使用できないので注意が必要です. たとえば, import scipy から scipy.linalg.eigh() のような呼び出し方はできません.

行うことで，データ形式の変換などの余計な手間が省けるメリットもあります．数値計算の結果を即座にグラフ化できるようになれば，効率が格段に上がります．ぜひ使いこなせるようになってください．

Matplotlib を使用するには，次のように `pyplot` モジュールをインポートします．

```
import matplotlib.pyplot as plt
```

NumPy と同様に，Matplotlib の正しい使用方法を知るには，公式ドキュメントを参照することが欠かせません．URL を載せておきます．

https://matplotlib.org/stable/index.html

自分の目的にあったグラフ作成法を探すには，「Examples」あるいは「Tutorials」のページからサムネイル一覧を参照するのがよいでしょう．使用すべき関数やクラスメソッドがわかったら，「Reference」ページにあるモジュール一覧からモジュール名をたどっていけば，詳細を知ることができます．

本書は，Matplotlib バージョン 3.3.4 で動作確認をしています．

1.4.1 ｜ 2つのインターフェース

Matplotlib を使用するうえで，必ず理解しておかなければならないことがあります．それは，Matplotlib には以下の2つの異なるインターフェースが存在するということです．

- **オブジェクト指向インターフェース**（object-oriented interface）
- **pyplot インターフェース**（state-based interface ともいう）

これらの違いを理解しておかないと，インターネットで検索しても適切な情報を得ることができません．とくに，両者の違いを理解せずに異なるインターフェースを1つのプログラムに混在させてしまうと，期待するグラフが得られないばかりか，予期せぬエラーに悩まされることになります．筆者も最初はこれらの違いを理解せずに Matplotlib を使用して，かなり混乱しました．その経験を踏まえて，まずはインターフェースについて説明します．

各インターフェースの詳細を述べる前に，例を示します．いま，$y = \tanh(x)$ を $x = -2$ から 2 の範囲で描きたいとします．まずはデータを用意します．

```
x = np.linspace(-2, 2, 101)  # -2から2までを100等分した配列を生成
y = np.tanh(x)  # 各x点におけるtanh(x)の値を計算
```

2行目の np.tanh(x) は, 配列 x の各要素 x_i に対して $\tanh(x_i)$ を計算し, その結果を配列として返します❤1.2.4項. これらの配列 x, y からオブジェクト指向インターフェースを使ってグラフを描く場合は, 次のように書きます.

```
fig, ax = plt.subplots()  # まずFigureオブジェクトとAxesオブジェクトを生成
ax.plot(x, y)  # Axesオブジェクトにプロット
ax.set_xlabel('x label')  # x軸にラベルをつける
ax.set_ylabel('y label')  # y軸にラベルをつける
fig.show()  # グラフを表示
```

得られたグラフを, **図1.3** に示します. 同じ図を pyplot インターフェースで作成する場合は, 次のように書きます.

```
plt.plot(x, y)  # 前置きなしでプロット
plt.xlabel('x label')  # x軸にラベルをつける
plt.ylabel('y label')  # y軸にラベルをつける
plt.show()  # グラフを表示
```

得られる図は, 先ほどとまったく同じです(図1.3).

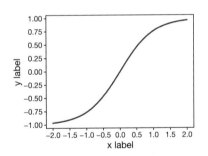

図1.3　Matplotlib で作成した図

　後者の pyplot インターフェースは, MATLAB や gnuplot のような感覚でコマンドを並べる方法で, それらのグラフ描画に慣れた人にはなじみやすいでしょう. 一方, 前者のオブジェクト指向インターフェースのほうは, fig や ax など異なるオブジェクトが出てきて, 最初は複雑に感じるかもしれません. しかし, いまから学ぶ**ならぜひオブジェクト指向インターフェースを覚えて**ください. 上の例のような簡単なグラフなら pyplot インターフェースのほうがシンプルに書けますが, より手の込んだグラフを作成するには, 各種オブジェクトの理解と, オブジェクト指向イン

ターフェースを用いた各オブジェクトの適切な操作が必要になります．公式ドキュメントでも，オブジェクト指向インターフェースが推奨されています．本書では，オブジェクト指向インターフェースのみ使用します．

1.4.2 ┃ **グラフを構成するオブジェクトの構造**

グラフが描かれる領域全体を，Figure とよびます．模式図を**図 1.4** に示します．Figure オブジェクトの中に 1 つ以上の Axes オブジェクトがあり，**グラフは Axes オブジェクトに描画**します．Axes それぞれが，1 つのグラフとそれに付随する軸やラベルをもちます．各 Axes オブジェクトは 2 つの Axis オブジェクトをもちます．Axis は，x 軸と y 軸それぞれの範囲やメモリを保持します．

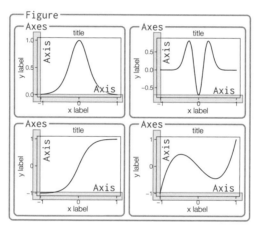

図 1.4 Figure の構造

グラフが 1 つの場合は，Figure と Axes の違いを意識しなくても作図できます．しかし，1 つの図に複数のグラフを含める場合には，これらの区別が必要です．pyplot インターフェースでは，Axes オブジェクトを内部で自動的に生成することで，ユーザーにオブジェクトを意識させずにグラフ作成を行えるようにしているのです．

Figure オブジェクトと Axes オブジェクトを生成するには，次のように書きます．

```
fig, ax = plt.subplots()  # 1つのFigureと1つのAxesを同時に生成
```

複数形の「s」がつくので注意してください．単数形の plt.subplot() というメソッドもありますが，そちらは pyplot インターフェースで使用するものです．また，次のように，Figure オブジェクトと Axes オブジェクトの生成を別々に行うことも可

能です.

```
fig = plt.figure()  # Axesをもたない空のFigureを生成
ax = fig.add_subplot()  # Figureの中にAxesを1つ生成
```

fig と ax を生成したら,あとは図全体に対する操作は fig,グラフ描画やグラフの調整は ax のメソッドを呼び出すことで実行します.ここまで来れば,1.4.1 項の最初の例が理解できるはずです.グラフのプロット(plot)やラベルの指定(set_xlabelなど)は ax オブジェクトに対して行い,図の表示(show)は fig オブジェクトに対して行っています.

　グラフを作成するメソッドは,ax.plot のほかにもいろいろあります.本書で使用するメソッドの一覧を,以下に示します.

- ax.errorbar:誤差棒(エラーバー)付きグラフ➡5.9節
- ax.fill_between:2 つの線の間を塗りつぶしたグラフ➡3.5節
- ax.pcolormesh:2 次元の強度図➡3.8節
- ax.contourf:2 次元の等高線図(塗りつぶし)➡3.8節
- ax.quiver:2 次元のベクトル場➡2.5節,3.8節
- ax.streamplot:2 次元ベクトル場の流れ図➡3.8節

使用方法は,それぞれの節で解説します.また,ラベルや軸の調整などの詳細は,付録 C を参照してください.

第2章 古典力学
——常微分方程式

2.1 | 古典力学と常微分方程式

この章では，常微分方程式（Ordinary Differential Equation; ODE）を扱います．常微分方程式の代表は，古典力学のニュートン方程式です．1次元中の運動の場合，時刻 t の関数としての質点の位置 $x(t)$ は，次の方程式に従います．

$$m\frac{d^2x(t)}{dt^2} = F(t, x(t), v(t)) \tag{2.1}$$

$F(t, x(t), v(t))$ は外部から質点にかかる力で，一般に，時刻 t と位置 $x(t)$ および速度 $v(t)$ に依存します．たとえば，重力の場合には時間によらない定数 $F = mg$ ですが，強制振動のように $F = F_0 \cos(\omega t)$ と時間に依存する場合もあります．また，バネの場合には $F = -kx(t)$，空気抵抗の場合には $F = -bv(t)$ と，位置や速度にも依存します．

ニュートン方程式(2.1)は $x(t)$ に関する2階の常微分方程式ですが，速度 $v(t)$ を導入することで，次の2つの方程式に分けられます．

$$\frac{dv(t)}{dt} = \frac{1}{m}F(t, x(t), v(t)) \tag{2.2}$$

$$\frac{dx(t)}{dt} = v(t) \tag{2.3}$$

これは1階の連立常微分方程式です．同様に，3階以上の微分を含む常微分方程式も，適切な変数を導入することで，1階の常微分方程式の組として表せます．

このように，常微分方程式は，一般に N 個の成分 $y_i(t)$ $(i = 1, \ldots, N)$ それぞれに対する 1 階の常微分方程式として

$$\frac{dy_i(t)}{dt} = f_i(t, y_1(t), \ldots, y_N(t)) \tag{2.4}$$

の形に表せます．この式は，ベクトル表記 $\boldsymbol{y} = (y_1, y_2, \ldots, y_N)$ を用いて

$$\frac{d\boldsymbol{y}(t)}{dt} = \boldsymbol{f}(t, \boldsymbol{y}(t)) \tag{2.5}$$

と表すこともできます．ここで，太字の関数 $\boldsymbol{f}$ は N 個の関数をベクトルの形 $\boldsymbol{f} = (f_1, f_2, \ldots, f_N)$ にまとめたものです．あるいは，N 成分ベクトルを返す関数と見ても構いません．後者の見方のほうが，プログラミングの観点からはなじみやすいでしょう．式(2.2)～(2.3)の 1 次元ニュートン方程式では，$\boldsymbol{y} \equiv (x, v)$ と定義します．また，2 次元空間の運動方程式は，x 方向と y 方向の位置・速度をまとめて $\boldsymbol{y} \equiv (x, y, v_x, v_y)$ と定義することで，式(2.5)の形にまとめられます．

常微分方程式を扱うライブラリのほとんどは，式(2.5)の方程式を解くように設計されています．本書でもそれを踏襲し，式(2.5)の形の方程式を初期条件

$$\boldsymbol{y}(0) = \boldsymbol{y}_0 \tag{2.6}$$

のもとで解く**初期値問題**（**initial value problem**）を考えます．なお，常微分方程式の問題設定としては，ほかにも境界値問題があります．境界値問題は，偏微分方程式に関連して第 3 章で扱います．

2.2 ｜ 解法 常微分方程式

常微分方程式(2.5)を数値的に解くには，時刻 $t = t_n$ でのベクトル $\boldsymbol{y}(t_n) \equiv \boldsymbol{y}_n$ を既知として，次の時刻 $t = t_n + h \equiv t_{n+1}$ でのベクトル $\boldsymbol{y}(t_{n+1}) \equiv \boldsymbol{y}_{n+1}$ を

$$\boldsymbol{y}_{n+1} = \boldsymbol{y}_n + \Delta\boldsymbol{y} \tag{2.7}$$

により逐次的に求めます．$\Delta\boldsymbol{y}$ を見積もる方法として，次のような方法があります．

- 陽解法
- 陰解法
- 予測子－修正子法

以下で，これらの方法の特徴を解説していきます．ただし，「はじめに」で述べたように，これらの方法を自分で実装することは本書の狙いではありません．それぞれの方法の特徴を理解して，数値計算ライブラリを適切に利用できるようになることを目指します．

◆──陽解法

陽解法（explicit method）はもっとも直接的な方法で，その代表が**オイラー法**（**Euler method**）です．$t = t_n$ における関数 $\boldsymbol{y}(t)$ の接線で $\boldsymbol{y}(t)$ を近似します．模式図を**図 2.1** に示します[注1]．接線は，$\boldsymbol{y}(t_n + h)$ を $t = t_n$ の周りでテイラー展開し，h^2 以上の項を無視することで得られます．

$$\boldsymbol{y}(t_n + h) = \boldsymbol{y}(t_n) + h\frac{d\boldsymbol{y}(t_n)}{dt} + \mathcal{O}(h^2) \tag{2.8}$$

右辺の最後の $\mathcal{O}(h^2)$ はオーダー（order）を意味し，h^2 に比例する項を無視していることを表します．右辺第 2 項を式(2.5)で置き換えると，

$$\boldsymbol{y}_{n+1} = \boldsymbol{y}_n + h\boldsymbol{f}(t_n, \boldsymbol{y}_n) \tag{2.9}$$

が得られます．これがオイラー法です．あとで述べる陰解法の場合の公式と区別して，**前進オイラー法**（**forward Euler method**）とよばれることもあります．h^2 の項を無視しているので，オイラー法の精度は $\mathcal{O}(h^1)$ です．実用性はありません．

オイラー法では，出発点 $t = t_n$ における傾き $\boldsymbol{k}_1$ を使って終点 $t = t_n + h$ まで進みました（図 2.1）．実際には，傾きは時刻とともに変化するので，出発点での傾きをずっと使用するのは正しくありません．そこで，**図 2.2**(a)に示すように，傾き $\boldsymbol{k}_1$ で中間点 $t = t_n + h/2$ まで進み，そこで新たに傾き $\boldsymbol{k}_2$ を見積もり，その傾きを

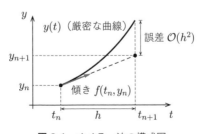

図 2.1 オイラー法の模式図

注1 変数 $\boldsymbol{y}(t)$ は N 次元ベクトルですが，模式図では 1 成分のみを示します．$\boldsymbol{y}(t)$ の各成分ごとに図のような解釈が成り立ちます．以降の模式図も同様です．

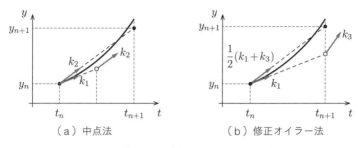

図 2.2 中点法および修正オイラー法の模式図

使って元の出発点から終点 $t = t_n + h$ まで進めばより正確です．式で書くと，次のようになります．

$$k_1 = f(t, y_n) \tag{2.10}$$

$$k_2 = f\left(t + \frac{h}{2}, y_n + \frac{h}{2}k_1\right) \tag{2.11}$$

$$y_{n+1} = y_n + hk_2 \tag{2.12}$$

これを**中点法**（**midpoint method**）あるいは 2 次のルンゲ−クッタ法とよびます．$\mathcal{O}(h^2)$ まで正しい近似になります．このことは，$y(t_n)$ と $y(t_n + h)$ を $t = t_n + h/2$ の周りでテイラー展開することで確認できます．中間点で傾きを求めたあとに出発点まで戻るのがポイントで，もしそのまま中間点から傾き k_2 で進んでしまうと，単にオイラー法で区間を $h/2$ にしただけになってしまい，精度の次数は上がりません．1 回の時間発展において関数 $f(t, y(t))$ を 2 回計算することで，精度の次数が 1 つ上がったことになります．

　中点法では $t = t_n + h/2$ で傾きを見積もりましたが，代わりに $t = t_n + h$ における傾き k_3 を使って，k_1 と k_3 の平均値をとることで k_2 を代用することもできます．模式図を図 2.2(b)に示します．更新規則は以下の式で与えられます．

$$k_1 = f(t, y_n) \tag{2.13}$$

$$k_3 = f(t + h, y_n + hk_1) \tag{2.14}$$

$$y_{n+1} = y_n + \frac{h}{2}(k_1 + k_3) \tag{2.15}$$

精度は中点法と同じ $\mathcal{O}(h^2)$ です．これを，**修正オイラー法**（**modified Euler method**）とよびます．

　中点法や修正オイラー法のように，精度の低い方法で時刻をいったん進めて未来の時刻で傾きを見積もり，その傾きでもう一度時間発展をやり直すことで，精度を1次上げることができます．実際に，精度が $\mathcal{O}(h^1)$ から $\mathcal{O}(h^2)$ に上がりました．これを繰り返せば，精度を $\mathcal{O}(h^3)$，$\mathcal{O}(h^4)$，…と上げていくことができます．ただし，次数を上げれば上げるほど，必ずしも精度が上がるわけではありません．アルゴリズムの誤差が数値誤差（丸め誤差など）を下回ると，逆に精度が悪くなることもあります．精度と実装の簡単さのバランスがとれていてもっともよく使われるのが，4次の**ルンゲ–クッタ法**（**Runge–Kutta method**）です．精度は $\mathcal{O}(h^4)$ です．先に2次のルンゲ–クッタ法（中点法）も紹介しましたが，単にルンゲ–クッタ法という場合には，4次の公式を指します．

　4次のルンゲ–クッタ法は，以下の公式で与えられます[注2]．

$$y_{n+1} = y_n + \frac{h}{6}(k_1 + 2k_2 + 2k_3 + k_4) \tag{2.16}$$

ここで，k_1 から k_4 は以下で定義されます．

$$k_1 = f(t_n, y_n) \tag{2.17}$$

$$k_2 = f\left(t_n + \frac{h}{2}, y_n + \frac{h}{2}k_1\right) \tag{2.18}$$

$$k_3 = f\left(t_n + \frac{h}{2}, y_n + \frac{h}{2}k_2\right) \tag{2.19}$$

$$k_4 = f(t_n + h, y_n + hk_3) \tag{2.20}$$

模式図を**図 2.3** に示します．傾き k_1 で $t = t_n$ から $h/2$ だけ進み，そこで傾き k_2 を求めます．ここまでは中点法と同じです．次に，もう一度 $t = t_n$ から $h/2$ だけ，

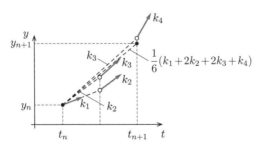

図 2.3　ルンゲ–クッタ法の模式図

注2　多くの文献では，h を k_i に含めて定義しています．本書では，k_i を「傾き」と解釈するために，h を含めないで k_i を定義しています．

今度は傾き $\boldsymbol{k}_2$ で進み，そこで傾き $\boldsymbol{k}_3$ を求めます．最後に，傾き $\boldsymbol{k}_3$ で $t = t_n$ から $t = t_n + h$ まで進み，そこで傾き $\boldsymbol{k}_4$ を求めます．このように $t = t_n$ と $t_n + h$ でそれぞれ 1 回，中点で 2 回傾きを求めて，それら 4 つの値を重みをつけて平均化します．重みは，4 次以内の誤差を打ち消すように決められています．関数 $\boldsymbol{f}(t, \boldsymbol{y}(t))$ の計算を計 4 回行うことで，精度が $\mathcal{O}(h^4)$ まで上がったことになります．

◆——その他の方法

オイラー法の公式 (2.9) の導出では，関数 $\boldsymbol{y}(t)$ を出発点 $t = t_n$ の周りで展開し，$t = t_n$ における接線を求めました．代わりに，時刻を進めた先の点 $t = t_{n+1}$ の周りで関数 $\boldsymbol{y}(t_{n+1} - h)$ を展開します．

$$\boldsymbol{y}(t_{n+1} - h) = \boldsymbol{y}(t_{n+1}) - h\frac{d\boldsymbol{y}(t_{n+1})}{dt} + \mathcal{O}(h^2) \qquad (2.21)$$

これは $t = t_{n+1}$ における接線の式です．この式を $\boldsymbol{y}(t_{n+1}) \equiv \boldsymbol{y}_{n+1}$ について整理すると，次の式が得られます．

$$\boldsymbol{y}_{n+1} = \boldsymbol{y}_n + h\boldsymbol{f}(t_{n+1}, \boldsymbol{y}_{n+1}) \qquad (2.22)$$

このように，右辺に求めるべき量 $\boldsymbol{y}_{n+1}$ が含まれた公式を**陰解法（implicit method）**とよびます．式 (2.22) は，式 (2.9) の前進オイラー法に対応した $\mathcal{O}(h^1)$ の陰解法の公式で，**後退オイラー法（backward Euler method）**とよばれます．前進や後退という言葉は，$t = t_n$ における前進差分公式または $t = t_{n+1}$ における後退差分公式に対応しているためです（差分法については 3.2 節を参照）．式 (2.22) において，左辺の $\boldsymbol{y}_{n+1}$ を求めるために右辺で $\boldsymbol{y}_{n+1}$ を使うというのは一見不思議なようですが，$\boldsymbol{f}(t_{n+1}, \boldsymbol{y}_{n+1})$ に具体的な表式を代入して得られる方程式を $\boldsymbol{y}_{n+1}$ について解くことで，計算を実行できます．あとで述べる不安定性が陽解法よりも起こりにくいのがメリットです．ただし，各ステップで方程式を解く必要があるため，陽解法よりもだいぶ計算コストがかかります．陰解法の高次の公式については，たとえば，文献[1]を参照してください．

予測子−修正子法（predictor–corrector method）は，陽解法と陰解法を組み合わせた方法です．まず陽解法で $\boldsymbol{y}_{n+1}$ を求めておき（これを予測子とよぶ），陰解法を使って予測子を修正します．予測子を用いることで，陰解法の方程式を短い時間で解けるようにするという見方もできます．ただ，文献[1]によると

予測子－修正子法はもう時代遅れで，常微分方程式のほとんどの問題について，もはや最良の方法ではないのではなかろうか．高精度を要したり右辺の計算が厄介な場合は，Bulirsch–Stoer 法が良い．使いやすさでは，あるいは低精度でよいなら，適応刻み幅の Runge–Kutta 法に軍配が上がる．予測子－修正法はこれらの中間に埋没した様態である．

とあります．本書で使用する SciPy ライブラリでは，適応刻み幅のルンゲ－クッタ法がデフォルトになっています．

◆──不安定性

常微分方程式の数値解法では，時間の刻み幅 h をある程度小さくとらないと，計算が不安定になる（解が発散したりする）場合があります．この不安定性はアルゴリズム特有のもので，プログラムのバグではありません．実際に h をどの程度まで小さくすればよいかは，解法や方程式に依存します．一般に，陰解法よりも陽解法のほうが不安定であり，小さい h が必要です．この不安定性は常微分方程式の場合にはそれほど大きな問題ではないですが，偏微分方程式の場合には致命的な問題となることもあります．3.3 節でより詳しく議論します．

◆──適応刻み幅制御

不安定性を回避するため，また，精度を上げるために，刻み幅 h はなるべく小さくとる必要があります．しかし，h を小さくすると，多くのステップ数が必要になり計算時間がかかってしまいます．このようなジレンマがあります．適度な h の大きさは，一般に，計算してみないとわかりません．また，時刻 t にも依存します．$y(t)$ の変化が激しければ h を小さくする必要がありますが，変化が緩やかであれば h は大きくできます．

そこで，刻み幅 h を計算の実行中に自動的に調整する方法が考案されています．これを，**適応刻み幅制御（adaptive stepsize control）**といいます．常微分方程式によらず，ライブラリの説明で「adaptive」と書いてあったら，連続変数の離散化などが自動的に最適化されることを意味しています．adaptive な手法の場合は，刻み幅 h ではなく，達成したい精度（tolerance または accuracy）を指定します．

adaptive な手法では，時間発展の 1 ステップごとに誤差を見積もり，精度が足りていなければ h を小さく，十分足りていれば h を大きく変えながらステップを進め

ます．誤差の見積もり方はライブラリによりますが，たとえば，刻み幅 h で 1 ステップ進めた結果と刻み幅 $h/2$ で 2 ステップ進めた結果を比べて，それらの差を誤差とするのが実践的です[1]．2.3 節で，具体例を使って詳しく議論します．

Library　SciPy による常微分方程式の解法

　本節では常微分方程式のさまざまな解法を紹介しましたが，実際に Python を用いて解く際にはライブラリを使うのがもっとも手軽で，かつ高精度な結果が得られます．以下では，SciPy を使用した常微分方程式の解法について解説します．常微分方程式の数値解法には，scipy.integrate モジュールに含まれている solve_ivp 関数を使います．「ivp」は，initial value problem（初期値問題）の略です．

　scipy.integrate モジュールには，ほかにも，関数版の odeint とクラス版の ode があります．公式ドキュメントでは，これらの関数・クラスは「old API」[注3] に分類されています．ウェブ検索すると，solve_ivp よりもこれら古い関数・クラスのほうが多くヒットする印象です．しかし，これから覚えるなら，ぜひ新しい solve_ivp 関数のほうを使うことをお勧めします．ただし，odeint と ode はインターフェースが古い作りになっていますが，必ずしも非推奨というわけではないようです．

　　旧 API の関数・クラスは新 API のものと比べて機能が十分ではないが，
　　内部で使用しているソルバー自体は Fortran コードをコンパイルしたもの
　　で，十分な精度があり速度も問題ない．旧 API の関数・クラスが有用な場
　　面があるかもしれない．　　　　　（SciPy 公式ドキュメント[注4] より，筆者訳）

なお，odeint と ode であれば，クラス版の ode のほうが機能が豊富です．

　さて，本書では新 API の solve_ivp 関数を使います．公式ドキュメントによると，関数の引数は以下のようになっています．

```
scipy.integrate.solve_ivp(fun, t_span, y0, method='RK45', t_eval=None,
        dense_output=False, events=None, vectorized=False, args=None, **options)
```

　引数を表 2.1（上）に示します．デフォルト値が設定されているオプション引数については，一部のみ取り上げます．

注3　API は Application Programming Interface の略．プログラムからライブラリなどを使用する際の呼び出し部分の仕様のこと．

注4　https://docs.scipy.org/doc/scipy/reference/integrate.html

表 **2.1** solve_ivp 関数の引数と戻り値

引数	説明
fun（関数オブジェクト）	方程式(2.5)の $f(t, y)$ に対応する関数．fun(t, y) のように定義した関数を与える．fun(t, y, a, b) のように，ほかに引数を追加しても構わない．方程式に含まれるパラメータの指定などに使う．この場合，a, b の値は args 引数を使って args=(1.0, -3.5) のように与える．
t_span（tuple）	時刻の最初と最後を t_span=(0, 10.0) や t_span=[0, 10.0] のようにタプルまたはリスト形式で与える．
y0（np.ndarray (n,)）	初期値を NumPy 配列として与える．
method（str）	アルゴリズムを指定する（表 2.2）．
dense_output（bool）	任意の時刻 t における結果を得るためには True としておく必要がある．
events（関数オブジェクト）	ある条件を満たす時刻 t を求めたい場合に使用する（たとえば，球が地面に到達する時刻を知りたい場合）．
args（tuple）	fun に与えた関数がパラメータ（3 つ目以降の引数）をとる場合に，パラメータの値を入力する．

戻り値	説明
t（np.ndarray (n_points,)）	自動的に選ばれた時刻 t の配列
y（np.ndarray (n, n_points)）	時刻 t における結果 $y(t)$ の配列
sol（関数オブジェクト）	sol(t_dense) のように呼び出すことにより，任意の時刻 t_{dense} における結果が得られる（dense_output=True の場合のみ）．
message（str）	計算終了時の状態を表す短い文

method 引数では，**表 2.2** のアルゴリズムが指定可能です．あえて訳さずに，原文のまま引用しました．本節をここまで読み進めた読者なら，各手法がどんなものか想像できると思います．Explicit は陽解法，Implicit は陰解法を意味します．order 5(4) は，時間発展に 5 次精度の公式を，誤差の見積もりに 4 次精度の公式を使用し

表 **2.2** method 引数で指定できるアルゴリズム

オプション	アルゴリズム
'RK45'	(default) Explicit Runge–Kutta method of order 5(4).
'RK23'	Explicit Runge–Kutta method of order 3(2).
'DOP853'	Explicit Runge–Kutta method of order 8.
'Radau'	Implicit Runge–Kutta method of the Radau IIA family of order 5.
'BDF'	Implicit multi-step variable-order (1 to 5) method based on a backward differentiation formula for the derivative approximation.
'LSODA'	Adams/BDF method with automatic stiffness detection and switching.

ていることを意味します．通常はデフォルトのまま，まずは 'RK45' を試します．も
し，得られた解の挙動が不安定に見える場合⊙p.21には，より安定した（しかし時間
がかかる）陰解法の 'Radau' や 'BDF' を試すのがよいでしょう．

　solve_ivp 関数の最後のキーワード引数⊙A.9節 **options は，method に依存
したオプションを表しています．たとえば，RK45 で利用可能なオプションは
scipy.integrate.RK45 クラスの公式ドキュメントを見るとわかります．

```
class scipy.integrate.RK45(fun, t0, y0, t_bound, max_step=inf, rtol=0.001,
        atol=1e-06, vectorized=False, first_step=None, **extraneous)
```

max_step 以降が指定可能です．この中で重要なものは rtol と atol で，それぞれ
相対誤差，絶対誤差を表します．精度を指定するインターフェースであることから，
適応刻み幅制御⊙p.21が実装されていると判断できます．必要に応じて，精度を上げ
たい場合には小さく，時間を節約したい場合には大きくします．とくに，偏微分方
程式に使う場合には，デフォルトの精度では十分でない場合があります．具体例は，
3.4 節を参照してください．

　計算結果は，solve_ivp 関数の戻り値（オブジェクト）として返されます．この
オブジェクトがもつ情報（ドットでアクセス）の一部を，表 2.1（下）に示します．具
体例は，以降の例題を参照してください．

2.3 ┃ 例題 ロジスティック方程式

　1 変数関数 $y(t)$ に関する次の常微分方程式は，ロジスティック方程式とよばれ
ます．

$$\frac{dy}{dt} = y(1 - y) \tag{2.23}$$

これは，生物の個体数の増加を表すモデルです．y は個体数を最大値で規格化した無
次元変数で，$0 \leq y \leq 1$ の領域を考えます．この方程式を数値的に解いて，solve_ivp
関数の使い方や注意点を見ていきます．

◆——方程式の解説

　方程式の意味や解の振る舞いなどを簡単に説明しておきます．とにかく数値計算
をしてみたい人は飛ばしてしまって構いませんが，計算結果が妥当なものかどうか

判断するためにも，方程式の意味や問題設定を理解しておくことが重要です.

　生物の繁殖を考えます. 個体数の増加率を λ とすると, 個体数 Y の満たす方程式は次のように表されます.

$$\frac{dY}{dT} = \lambda Y \tag{2.24}$$

個体数が単位時間後に λ 倍になることを表しています. 初期条件を $Y(0) = Y_0$ とすると, この方程式の解は $Y(T) = Y_0 e^{\lambda T}$ となります. これは, 指数関数的, いわゆるねずみ算的な個体数の増加を表しています (**図 2.4**).

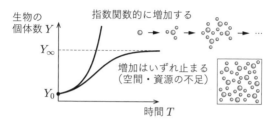

図 2.4　ロジスティック方程式の解の振る舞いの模式図

　個体数が少ないときはこれでよいですが, 実際には, 個体数が増えるほど増加率が鈍り, いつかは増加が止まります. 個体が増加するために必要な空間や資源が足りなくなるからです. これを考慮するために, 増加率 λ を $\lambda(1 - Y/Y_\infty)$ で置き換えます. ここで, Y_∞ は定数です. 個体数が増えるほど増加率が減ることを表しています. 個体数が Y_∞ に一致したところで増加が止まります. 以上を考慮した方程式は, 次のようになります.

$$\frac{dY}{dT} = \lambda Y \left(1 - \frac{Y}{Y_\infty} \right) \tag{2.25}$$

最後に, $y \equiv Y/Y_\infty$ と規格化, $t \equiv \lambda T$ と無次元化すると, 式(2.23)が得られます.

　方程式(2.23)は解析的に解くことができて, 初期条件 $y(0) = y_0$ の解は次のように与えられます.

$$y(t) = \frac{y_0}{y_0 + (1 - y_0)e^{-t}} \tag{2.26}$$

初期値が $0 < y_0 < 1$ の範囲にあれば, $y(t)$ は t の増加とともに単調に増加し, $t \to \infty$ で $y \to 1$ に収束します. この関数をロジスティック関数とよんだりもします. 物理では, フェルミ－ディラック分布関数を左右反転させたものといったほうが通じます.

◆──自作関数による実装

さて，まずはライブラリを使わずに，2.2節で紹介した各公式を実装して解いてみます．本書の方針は，積極的にライブラリを使って簡単に高精度の結果を得ることですが，ここではあえて精度の悪い公式で解いて，各公式の精度を実際に確かめます．このステップを踏むことで，ライブラリのありがたさがよりわかるようになると思います．

まずは，もっとも基本的なオイラー法による解法を示します．初期値を $y_0 = 10^{-3}$ とし，$t = 0$ から 20 までを 100 分割して計算します（点の数は終点を含めて 101 個）．

プログラム 2.1 logistic_euler.py

```python
 1: import numpy as np
 2: import matplotlib.pyplot as plt
 3:
 4: # dy/dt=f(y)の定義
 5: def f_logistic(y):
 6:     return y * (1.0 - y)  # ロジスティック方程式
 7:
 8: # オイラー法による時間発展
 9: def step_forward(f, y, dt):
10:     return y + f(y) * dt
11:
12: # 常微分方程式を解く関数
13: #    f: 関数f(y)
14: #    y0: 初期値
15: #    tmax: 終了時刻
16: #    nt: 時間の分割数
17: def solve_ode(f, y0, tmax, nt):
18:     t = np.linspace(0, tmax, nt)  # 時間の等間隔メッシュを生成 ❶
19:     dt = t[1] - t[0]
20:     y = [y0,]  # 結果を格納するリスト ❷
21:     for _ in range(nt-1):  # 時刻のループ
22:         y.append(step_forward(f, y[-1], dt))  # 時刻を1つ進めて結果をyに追加 ❸
23:     return t, np.array(y)  # 結果をNumPy配列として返す ❹
24:
25: def main():
26:     # ロジスティック方程式を解く
27:     t, y = solve_ode(f_logistic, y0=1e-3, tmax=20, nt=101)
28:
29:     # グラフを描画
30:     fig, ax = plt.subplots()
31:     ax.plot(t, y, '.')
32:     ax.set_xlabel("t")
33:     ax.set_ylabel("y")
34:     fig.savefig("logistic.pdf")  # ファイルに保存
35:
36: if __name__ == '__main__':  # ❺
37:     main()
```

解説

f_logistic 関数（4〜6 行目）　ロジスティック方程式(2.23)の定義です. y の値を受け取って, 式(2.23)の右辺の結果を返します.

step_forward 関数（8〜10 行目）　ある時刻 t における $y(t)$ の値を受け取って, $y(t+h)$ を返します. いまはオイラー法なので, 式(2.9)を使用しています. 第 1 引数の f には, f_logistic 関数が与えられることを想定しています.

solve_ode 関数（12〜23 行目）　常微分方程式を解いて結果を返す関数です. ❶時間の等間隔メッシュは, np.linspace 関数を使うと簡単に生成できます. ❷初期値 y0 を第 1 要素としてリスト y を生成し, ここに $y(t_n)$ を順に追加していきます. 時間発展を行うループを回します. range 関数が返す整数インデックスは今回は使用しないので, アンダースコア (_) で受け取ります➡A.5節. ❸step_forward 関数に y[-1]（y[-1] はリスト y の最後の要素, つまり最新の $y(t_n)$ を表します）を入力して, 時間を dt だけ進めた結果を受け取り, それをそのままリスト y の最後尾に追加します. ❹リスト y を NumPy 配列として返します. この例のように, データを順次追加しながら配列を作る場合には, まずリスト型で作成し, 最後に NumPy 配列に変換するとインデックスを気にせず記述できます➡1.2.1項.

main 関数（25〜34 行目）　先に作った solve_ode 関数に初期値, 時間の分割数などを与えて呼び出せば, 結果が得られます. その結果を Matplotlib を使ってグラフにします. このように, 1 つのプログラム内で計算からグラフ作成までを一貫してできるのが Python の利点の 1 つです.

　❺最後に main 関数を呼び出します. このように main 関数を定義して実行する理由は, A.9 節を参照してください.

　さて, オイラー法が実装できたら, より高精度なほかの方法に変更するのは簡単です. step_forward 関数を書き換えるだけです. 修正オイラー法に変更する場合には, 次のように書き換えます.

```python
# 修正オイラー法による時間発展
def step_forward(f, y, dt):
    k1 = f(y)
    k3 = f(y + k1 * dt)
    return y + (k1 + k3) * dt / 2
```

ルンゲ–クッタ法の場合には, 次のように書き換えます.

```python
# 4次のルンゲ-クッタ法による時間発展
def step_forward(f, y, dt):
    k1 = f(y)
    k2 = f(y + k1 * dt / 2)
    k3 = f(y + k2 * dt / 2)
    k4 = f(y + k3 * dt)
    return y + (k1 + 2*k2 + 2*k3 + k4) * dt / 6
```

それぞれ式 (2.15) と式 (2.16) に対応します.

　以上の 3 つの解法で解いた結果を 1 つの図にまとめたものが,　**図 2.5** です.　厳密解 (式 (2.26)) も一緒に示してあります.　$y(t)$ が急激に変化する $t = 5$ から $t = 10$ において,　オイラー法が厳密解から大きくずれています.　修正オイラー法では厳密解からのずれが大きく抑えられ,　ルンゲ–クッタ法ではほぼ厳密解に一致します.　一方,　$t \gtrsim 15$ における収束値を見ると,　解法による差はほとんど見られません.　これは,　ロジスティック方程式が $y = 1$ で安定で,　多少の誤差があっても最終的には安定点である $y = 1$ に解が落ち着くためです.　$t \to \infty$ における収束値だけを知りたいなら低精度でも問題ありませんが,　$y = 0$ から $y = 1$ への変化が起こる過程(たとえば $y = 1/2$ を通過する時刻)が知りたい場合には,　高精度の解法を使う必要があります.　このように,　最終的に知りたい量によって数値計算に求められる精度は変わってきます.

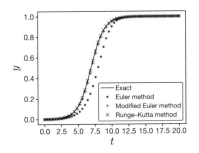

図 2.5　オイラー法,　修正オイラー法,　ルンゲ–クッタ法によって得られたロジスティック方程式の解.　実線は式 (2.26) の厳密解.　初期条件は $y(0) = 10^{-3}$ で $t = 0$ から 20 までを 50 分割して時間を進めている.

　それでは,　得られた解の精度はどのようにして知ることができるでしょうか?　図 2.5 では,　厳密解を利用して検証しました.　しかし,　通常は厳密解は利用できません.　厳密解がわからないから数値計算をするので当然です.　実は,　数値計算では,　結果の検証がもっとも大事で時間のかかる作業です.　筆者の経験では,　実装よりも何倍も時間がかかります.　いまの問題の場合には,　たとえば,　時間の刻み幅 h(プログラム内では dt)を半分(あるいは 2 倍)にして同じ計算を行い,　結果を比較することで解の精度を検証できます.　**図 2.6** は,　ルンゲ–クッタ法で,　刻み幅を $h = 2.0$,　1.0,　0.5 の 3 通りで計算し,　それらの結果を $t = [0, 8]$ の範囲でまとめて図示したものです.　$t = 6$ や $t = 8$ において,　3 つの結果にずれが見られます.　したがって,　少なくとも $h = 0.5$ の刻み幅(分割数 41)が必要であると結論できます.　$h = 0.5$ で

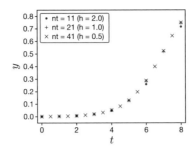

図 2.6　時刻の刻み幅を変えて得られたロジスティック方程式の解

十分かどうかは，さらに高精度（分割数 81）の計算を行って，比較する必要があります．

　このように，ある一定の精度を保証した結果を得るには，もっとも精度の悪い領域（変化の急激な領域）にあわせて時間の刻み幅を小さくとる必要があります．これは，明らかに効率がよくありません．実際，図 2.6 の $t = 2$ 付近においては $h = 2.0$ でも十分な精度が得られており，これ以上刻み幅を小さくする必要はありません．この問題を解決するのが，適応刻み幅制御●2.2節です．時間発展を行いながら精度を判定し，時刻の刻み幅を自動的に調整します．ただし，これを実装するのは込み入った話になってしまうので，ライブラリに任せるのが現実的です．

◆——SciPy を使った実装

　それでは次に，SciPy ライブラリの scipy.integrate.solve_ivp 関数●p.22 を使用してロジスティック方程式を解きます．まずはコードを示します．設定は先ほどの例と同じく，初期値を $y_0 = 10^{-3}$，時刻の範囲を $t = 0$ から 20 までとします．

プログラム 2.2　logistic_solve_ivp.py

```
 1: import numpy as np
 2: from scipy.integrate import solve_ivp
 3: import matplotlib.pyplot as plt
 4:
 5: # dy/dt=f(t, y)の定義
 6: def f_logistic(t, y):
 7:     return y * (1.0 - y)  # ロジスティック方程式
 8:
 9: # 厳密解
10: def logistic_func(y0, t):
11:     return y0 / (y0 + (1-y0) * np.exp(-t))
12:
13: # グラフ作成
14: def plot(t_sparse, y_sparse, t_dense, y_dense, y_exact):
```

```
15:     fig, ax = plt.subplots()
16:     ax.plot(t_sparse, y_sparse, 'o', zorder=2, color='r', markerfacecolor='None',
            label="selected time points")
17:     ax.plot(t_dense, y_dense, '.', zorder=1, color='b', label="dense output")
18:     ax.plot(t_dense, y_exact, '-', zorder=1.5, color='c', label="Exact")
19:     ax.axhline(y=0, color='k', linestyle='dashed', zorder=0)  # 横線
20:     ax.axhline(y=1, color='k', linestyle='dashed', zorder=0)  # 横線
21:     ax.set_xlabel(r'$t$')  # xラベル (LaTeX表記)
22:     ax.set_ylabel(r'$y$')  # yラベル (LaTeX表記)
23:     ax.legend()  # 凡例
24:     fig.savefig("logistic.pdf")  # ファイルに保存
25:
26: def main():
27:     y0 = np.array([1e-3,], dtype=float)  # 初期値 (1成分のNumPy配列)
28:     t_start = 0  # 初期時刻
29:     t_end = 20.0  # 最終時刻
30:
31:     # 常微分方程式を解く
32:     sol = solve_ivp(f_logistic, (t_start, t_end), y0, dense_output=True) # ❶
33:     print(sol.message)  # ソルバーのメッセージを表示
34:     print("sol.t.shape =", sol.t.shape)  # (n_points,)
35:     print("sol.y.shape =", sol.y.shape)  # (1, n_points)
36:
37:     # グラフ描画用のデータ (dense output)
38:     nt = 101
39:     t = np.linspace(t_start, t_end, nt)  # 時刻tの等間隔メッシュを生成 ❷
40:     y = sol.sol(t)  # メッシュ点上の時刻tにおけるy(t)の値を取得 ❸
41:     print("t.shape =", t.shape)  # (nt,)
42:     print("y.shape =", y.shape)  # (1, nt)
43:
44:     # グラフ作成
45:     plot(sol.t, sol.y[0], t, y[0], logistic_func(y0, t))
46:
47: if __name__ == '__main__':
48:     main()
```

解説

f_logistic 関数（5〜7 行目）　ロジスティック方程式(2.23)の右辺を作ります．solve_ivp 関数に与える関数の形式は，f(t,y) と決まっています（パラメータを除く）．ロジスティック方程式の場合，第 1 引数の t は使いませんが省略できません．

main 関数（26〜45 行目）　❶solve_ivp 関数を使うと，たった 1 行で微分方程式が解けます．y は 1 次元配列が想定されているので，初期値 y0 は要素数 1 の 1 次元配列とします（27 行目）．あとでグラフを作成するために，dense_output=True を指定しておきます．

　　結果は sol オブジェクトがもっています．sol.t で自動的に選ばれた時刻の配

列．sol.y で各時刻における $y(t)$ の結果にアクセスできます．配列の形はそれぞれ (n_points,) および (1, n_points) です．ソルバーが効率よく時間を進めるため，sol.t に含まれるデータ点は少なく，グラフ描画には向きません．そこで，グラフ作成用に，時刻を細かく刻んだデータも作成します．任意の時刻における結果は，ソルバーに応じた内挿公式を使って計算されます．❷np.linspace を使って時刻の配列を作り，❸sol.sol(t) で各時刻における結果を得ます．

plot 関数（13〜24 行目）　3 つのデータを 1 つのグラフにプロットします．具体的には，自動的に選ばれた時刻における結果，dense_output オプションによって出力した結果，厳密解(2.26)の 3 つです．このとき，zorder オプションを使って，線の重ね順を調整しています．zorder が大きいほど上になります．

実行した結果の標準出力は，以下のとおりです．

実行結果

```
The solver successfully reached the end of the integration interval.
sol.t.shape = (14,)
sol.y.shape = (1, 14)
t.shape = (101,)
y.shape = (1, 101)
```

1 行目が sol.message の出力で，実行結果を文章として説明してくれます．2〜3 行目はコードの 34〜35 行目に，4〜5 行目はコードの 41〜42 行目に対応します．

図 2.7 は，出力されたグラフです．丸は自動的に選択された時刻における結果，点は dense_output を使って，指定した時間刻み幅で出力した結果です．線が式(2.26)の厳密解で，数値結果が正しいことが確認できます．丸はわずか 14 点しかなく，適応刻み幅制御❍ 2.2 節により，ソルバーが効率よく時間を進めていることがわかります．この結果を自作関数の結果と比べると，その優位性は一目瞭然です．時間の刻み幅（あるいは分割数）を指定する自作のプログラムでは，精度の確認のために，分割数

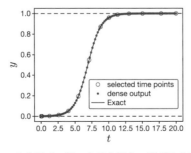

図 2.7　ロジスティック方程式の解．丸は自動的に選ばれた時刻で計算された結果．点は一定の時刻刻み幅で出力した結果．実線は式(2.26)の厳密解．

を変えて繰り返し計算する必要がありました．SciPy ライブラリの関数では，精度
（rtol や atol）を指定すれば，その精度が保証された解が得られます（いまは指定
していないので，デフォルトの値が用いられています）．そのうえ，時刻の刻み数は
少ないので，計算時間も短くて済みます．ライブラリを利用しない手はないことが
わかると思います．

2.4 | ニュートン方程式

例題

　ニュートン方程式を考えます．ここでは，重力に加えて，空気抵抗も考慮するこ
とにします．2 次元空間を考え，水平右方向を x 座標，鉛直上方向を y 座標としま
す．いま，原点から x 軸との角度 θ で球を飛ばす状況を考えます（**図 2.8**）．空気抵
抗がなければ，$\theta = 45°$ のときに飛距離が最大になりますが，空気抵抗がある場合に
は，最適な角度は小さくなります．実際に球の軌道を描いて，確認してみましょう．

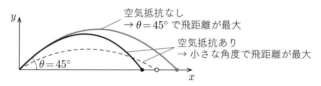

図 2.8　空気抵抗のある場合の球の軌道

　物体の位置 $(x(t), y(t))$ に関する運動方程式は，以下のように与えられます．

$$m\frac{d^2x(t)}{dt^2} = -b\frac{dx(t)}{dt} \tag{2.27}$$

$$m\frac{d^2y(t)}{dt^2} = -b\frac{dy(t)}{dt} - mg \tag{2.28}$$

ここで，m は球の質量，g は重力加速度です．空気抵抗は速度に比例すると仮定し
ました．比例係数 b は，物体の形や空気密度などに依存します．

　2.1 節の手順に従って，運動方程式を連立 1 階微分方程式(2.5)の形に書き換えま
す．そのために，位置 $x(t)$，$y(t)$ と速度 $v_x(t) = dx(t)/dt$，$v_y(t) = dy(t)/dt$ をま
とめた 4 成分の縦ベクトル $\boldsymbol{X}(t) = (x(t), v_x(t), y(t), v_y(t))^{\mathrm{T}}$（上付きの T は転置
の意味）を導入します．すると，運動方程式は次のように表せます．

$$\frac{d\boldsymbol{X}(t)}{dt} = \begin{pmatrix} 0 & 1 & 0 & 0 \\ 0 & -b/m & 0 & 0 \\ 0 & 0 & 0 & 1 \\ 0 & 0 & 0 & -b/m \end{pmatrix} \boldsymbol{X}(t) + \begin{pmatrix} 0 \\ 0 \\ 0 \\ -g \end{pmatrix} \qquad (2.29)$$

これで，2.2節の各種アルゴリズムが適用可能になりました．

本節では，まず1つの角度について計算するプログラムを示し，そのあとで，角度を変えながら計算した結果をまとめて図示します．

◆――**実装**

SciPyの `scipy.integrate.solve_ivp` 関数❷p.22を使ってニュートン方程式を解きます．問題設定としては，野球ボールを投げることを想定して，質量 $m = 0.1\,\mathrm{kg}$（変数 m），初速 $v_0 = 100\,\mathrm{km/h}$（v0），角度 $\theta = 45°$（theta）とします．空気抵抗係数は直感的に決めることが難しいですが，とりあえず $b = 0.1\,\mathrm{kg/s}$（変数 b）とします．逆に，結果を見て，実際の飛距離とあうように b を決めると考えたほうがよいかもしれません．時刻 t_start=0 秒から t_end=5 秒までを n_t=101 分割した，0.05 秒間隔のデータを取得して図示します．繰り返しですが，これは微分方程式を解く際の時間刻み幅ではありません．以下にコードを示します．

プログラム 2.3 newton.py

```
 1: import numpy as np
 2: from scipy.integrate import solve_ivp
 3: import matplotlib.pyplot as plt
 4:
 5: # ニュートン方程式 dX/dt = f(t, X)
 6: def f_newton(t, X, m, g, b):
 7:     # X = [x, v_x, y, v_y]
 8:     dXdt = np.array([
 9:         X[1],            # dx/dt = v_x
10:         -(b/m) * X[1],   # dv_x/dt = -(b/m) v_x
11:         X[3],            # dy/dt = v_y
12:         -(b/m) * X[3] - g # dv_y/dt = -(b/m) v_y - g
13:     ])
14:     return dXdt
15:
16: # ニュートン方程式を解く関数
17: #   eq_params: 方程式に含まれるパラメータ
18: #   X0: 初期条件
19: #   t_range: 時間の範囲
20: #   n_t: 時間の刻み数
21: def solve_newton(eq_params, X0, t_range, n_t):
22:     m, g, b = eq_params  # タプルを展開 (unpack) ❶
```

```
23:
24:      # 常微分方程式を解く
25:      sol = solve_ivp(f_newton, t_range, X0, args=(m, g, b), dense_output=True) # ❷
26:      print(sol.message)
27:
28:      # グラフ作成用のdense output
29:      t_start, t_end = t_range  # タプルを展開 (unpack)
30:      t = np.linspace(t_start, t_end, n_t)
31:      Xt = sol.sol(t)  # ❸
32:      assert Xt.shape == (4, n_t)  # 配列の形を確認 ❹
33:
34:      # x(t), v_x(t), y(t), v_y(t)
35:      return Xt[0, :], Xt[1, :], Xt[2, :], Xt[3, :]
36:
37: def plot(xt, yt):
38:      fig, ax = plt.subplots(figsize=(6, 3.5), constrained_layout=True)
39:      ax.plot(xt, yt, marker='.')
40:      ax.set_xlim(left=0)
41:      ax.set_ylim(bottom=0)
42:      ax.set_xlabel(r'$x$')
43:      ax.set_ylabel(r'$y$')
44:      ax.set_aspect('equal')  # x軸とy軸を同じスケールにする
45:      fig.savefig("newton.pdf")
46:
47: def main():
48:      # パラメータ (MKS単位系: m, kg, s)
49:      g = 9.8  # [m/s^2]
50:      m = 0.1  # [kg]
51:      b = 0.1  # [kg/s]
52:
53:      t_start = 0  # 初期時刻 [s]
54:      t_end = 5.0  # 最終時刻 [s]
55:      n_t = 101  # 時刻の刻み数（グラフ描画用）
56:
57:      # 初期条件
58:      v0 = 100.0 / 3.6  # 初速 [m/s]
59:      theta = 45 * (np.pi / 180)  # 角度（ラジアン）
60:
61:      # X0 = [x0, v0_x, y0, v0_y]
62:      X0 = np.array([0, v0 * np.cos(theta), 0, v0 * np.sin(theta)])
63:
64:      # ニュートン方程式を解いて，結果x(t), y(t)を取得 ❺
65:      xt, _, yt, _ = solve_newton(eq_params=(m, g, b), X0=X0, t_range=(t_start,
             t_end), n_t=n_t)
66:
67:      # グラフ作成
68:      plot(xt, yt)
69:
70: if __name__ == '__main__':
71:      main()
```

f_newton 関数（5〜14 行目）　ベクトル表示したニュートン方程式(2.29)の右辺を作ります．solve_ivp 関数に入力する関数の第 1 引数は時刻 t と決まっているので，いまは t を使わないですが省略できません．第 2 引数 X が 4 成分ベクトル $\boldsymbol{X}$ で，3 番目以降の引数 m, g, b はパラメータです．この関数は，これら 5 個の引数を受け取り，式(2.29)の右辺を計算して，4 成分ベクトル $d\boldsymbol{X}/dt$ を返します．

solve_newton 関数（16〜35 行目）　ニュートン方程式を解いて結果を返す関数です．第 1 引数 eq_params は，方程式に含まれる 3 つのパラメータをタプルにまとめたものです．関数の引数が多くなるのを避けることが目的です．❶eq_params は m, g, b に展開（unpack）され，意味のある名前の変数に置き換わります．

　　❷solve_ivp 関数を使って方程式を解きます．いま，f_newton 関数はパラメータを 3 つとるように定義されている（3〜5 番目の引数）ので，args 引数にそれらの値を与えます．dense_output=True は，作図用のデータを得るために指定しておく必要があります．

　　❸作図用のデータを取得します．np.linspace 関数を使って生成した時刻の配列 t を，sol.sol(t) として solve_ivp 関数の返すオブジェクトに与えると，各時刻での $\boldsymbol{X}(t)$ が得られます．$\boldsymbol{X}(t)$ は 4 成分なので，得られる配列 Xt は (4, n_t) の形をもちます．❹assert 文を使って Xt の形を確認しています．もしこの等式が成り立っていない場合は，エラーでプログラムが止まります◉A.9節．assert 文は，プログラムのバグを早期に発見するためだけでなく，コードの可読性を上げる役割もあります．最後に，$x(t)$, $v_x(t)$, $y(t)$, $v_y(t)$ の結果をそれぞれ 1 次元配列として返します（35 行目）．直前に assert 文があるので，配列 Xt の形が明確なことがわかると思います．

plot 関数（37〜45 行目）　球の軌跡をグラフにします．x 軸と y 軸のスケールが同じになるように，ax.set_aspect('equal') を呼び出します（44 行目）．これを書かないと，縦横の長さスケールが異なった，直感的に理解しにくい図になってしまいます．ただし，縦横の長さスケールを固定したので，図の左右または上下に余白ができてしまう場合があります．figsize パラメータを使って，図のサイズを手動で調整します（38 行目）．このとき，constrained_layout または tight_layout を有効にしておくと，グラフがうまくフィットしてくれます◉C.4節．

main 関数（47〜68 行目）　パラメータを与えて，実際に方程式を解きます．
　　❺solve_newton 関数を呼び出して，方程式を解いた結果 $x(t)$ と $y(t)$ を受け取ります．2 番目と 4 番目の戻り値（$v_x(t)$ と $v_y(t)$）は今回は使わないので，アンダースコアで受け取っています◉A.5節．

　スクリプトを実行すると，sol.message の出力が表示されます．微分方程式を解いた結果（ステータス）が文章として表示されます．

実行結果

```
The solver successfully reached the end of the integration interval.
```

　図 2.9 が得られたグラフです．空気抵抗のために横方向の速度が次第に遅くなり，最後は垂直に近い角度で地面に落下していることがわかります．なお，図では $y > 0$ のみを図示していますが，実際の軌道は $y < 0$ まで続いています．たとえば，飛距離を求めるために球が $y = 0$ に到達した時点で計算をストップしたい場合，あるいは，$y = 0$ で球が跳ね返るような軌道を計算したい場合には，$y = 0$ に到達する正確な時刻を得る必要があります．これには，solve_ivp 関数の events オプションを利用できます．詳細は公式ドキュメントを参照してください．

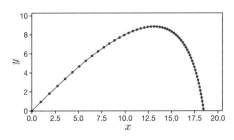

図 2.9　ニュートン方程式の解

◆——角度依存性

　さて，球を投げる角度を変えて計算をしてみましょう．角度 θ を $5°$ から $85°$ まで $5°$ 刻みで変化させて計算し，それらの軌道を 1 つのグラフに図示します．実行する際は，次のスクリプトファイルを先ほどのスクリプト newton.py と同じ場所においてください．

プログラム 2.4　newton_angles.py

```
 1: import numpy as np
 2: import matplotlib.pyplot as plt
 3: from newton import solve_newton  # newton.pyからsolve_newton関数を読み込む
 4: from collections import namedtuple
 5:
 6: def plot(results):
 7:     fig, ax = plt.subplots(figsize=(6, 3.5), constrained_layout=True)
 8:     for r in results:
 9:         # namedtupleの各フィールドにはドットでアクセス
10:         ax.plot(r.xt, r.yt, marker='.', label=r.key)
11:     ax.set_xlim(left=0)
12:     ax.set_ylim(bottom=0)
```

```
13:        ax.set_xlabel(r'$x$')
14:        ax.set_ylabel(r'$y$')
15:        ax.set_aspect('equal')  # x軸とy軸を同じスケールにする
16:        ax.legend(fontsize='x-small')  # 凡例
17:        fig.savefig("newton_angles.pdf")
18:
19: def main():
20:        # パラメータ (MKS単位系: m, kg, s)
21:        g = 9.8  # [m/s^2]
22:        m = 0.1  # [kg]
23:        b = 0.1  # [kg/s]
24:
25:        t_start = 0  # 初期時刻 [s]
26:        t_end = 5.0  # 最終時刻 [s]
27:        n_t = 101  # 時刻の刻み数 (グラフ描画用)
28:
29:        # 初期条件
30:        v0 = 100.0 / 3.6  # 初速 [m/s]
31:
32:        # 各初期条件に対する結果をそれぞれnamedtupleとしてまとめる ❶
33:        Result = namedtuple('Result', ['key', 'xt', 'yt'])
34:        results = []  # 異なるthetaの結果を格納するリスト
35:
36:        for theta_degree in range(5, 90, 5):  # thetaを5°から85°まで5°間隔で変化
37:            theta = theta_degree * (np.pi / 180)  # 角度 (ラジアン)
38:
39:            # X0 = [x0, v0_x, y0, v0_y]
40:            X0 = np.array([0, v0 * np.cos(theta), 0, v0 * np.sin(theta)])
41:
42:            # ニュートン方程式を解いて, 結果x(t), y(t)を取得
43:            xt, _, yt, _ = solve_newton(eq_params=(m, g, b), X0=X0, t_range=(t_start,
                   t_end), n_t=n_t)
44:
45:            # 結果をnamedtupleにまとめ, リストに追加 ❷
46:            results.append(Result(str(theta_degree), xt, yt))
47:
48:        plot(results)
49:
50: if __name__ == '__main__':
51:        main()
```

解説

from newton import solve_newton（3行目）　この1文により，先ほどのファイル
newton.py から solve_newton 関数がインポートされます[注5].

main 関数（19〜48 行目）　1 つの初期条件に対する結果をまとめるため，ここで

注5　Python では 1 つのファイルがモジュールとみなされるため，自作のファイルであっても，このよう
　　にライブラリの関数やクラスを使用するときと同じ方法でインポートして使用できます➡A.8節. この
　　ようにインポートで呼び出されたときは，newton.py 内の main 関数は実行されません➡A.9節.

は collections.namedtuple を使用します❶A.4節. ❶3 つのフィールドをもつ namedtuple の型を定義します. ❷方程式を解くたびに,結果を namedtuple オブジェクトにまとめ,リスト results に追加していきます. このようにデータをまとめておくと,各データへのアクセスが直感的で間違いが起こりにくいことがわかると思います (8〜10 行目).

得られたグラフを**図 2.10** に示します. 角度が約 30° のときに飛距離が最大になっています. 空気抵抗があるために 45° よりも小さくなっており,妥当な結果です.

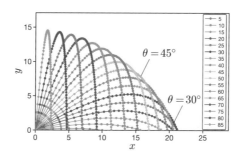

図 2.10　軌道の初期角度を変化させて計算した球の軌道

課題 2.1　飛距離 L を角度 θ の関数としてグラフ化してみましょう. その図から,飛距離 L が最大となる角度 $\theta_{\max}$ を決定してください.

2.5 | 例題 LLG 方程式——磁気モーメントの歳差運動

この章の最後の例題として,磁気モーメント (あるいはスピンモーメント) の運動を表す**ランダウ−リフシッツ−ギルバート方程式** (**Landau–Lifshitz–Gilbert equation**),通称 **LLG 方程式**を取り上げます. 大きさ 1 に規格化された磁気モーメントを $\boldsymbol{m}(t)$ とすると,LLG 方程式は次の 1 階微分方程式で与えられます.

$$\frac{d\boldsymbol{m}(t)}{dt} = -\gamma \boldsymbol{m}(t) \times \boldsymbol{B} + \alpha \boldsymbol{m}(t) \times \frac{d\boldsymbol{m}(t)}{dt} \tag{2.30}$$

ここで,γ は磁気回転比とよばれる定数,$\boldsymbol{B}$ は磁場です. 右辺第 2 項は,ギルバート減衰項 (Gilbert damping) とよばれます. α は減衰を表す無次元定数で,通常は $\alpha \ll 1$ を考えます.

◆——LLG 方程式の意味

LLG 方程式(2.30)を解く前に，各項の表す意味を考えて，運動を予測しましょう．右辺第 1 項は，m と B に垂直方向にはたらく力（トルク）を表します（**図 2.11**）．このトルクにより，m が B に平行な軸の周りに角振動数 $\omega_0 = \gamma|B|$ で歳差運動をします．ω_0 は**ラーモア周波数（Larmor frequency）**とよばれます．

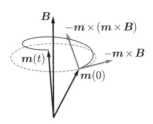

図 2.11 LLG 方程式の模式図

式(2.30)の右辺第 2 項は，歳差運動の減衰（damping）を表します．これを見るために，式(2.30)の右辺にある $dm(t)/dt$ に右辺全体を代入し，ベクトル三重積 $a \times (b \times c) = (a \cdot c)b - (a \cdot b)c$ を使って式変形します．式(2.30)から $dm(t)/dt \perp m(t)$ であることに注意すると，次の方程式が得られます．

$$\frac{dm(t)}{dt} = -\gamma' m(t) \times B - \lambda m(t) \times [m(t) \times B] \qquad (2.31)$$

定数 γ' と λ は，次のように定義されます．

$$\gamma' = \frac{\gamma}{1 + \alpha^2}, \quad \lambda = \frac{\alpha\gamma}{1 + \alpha^2} \qquad (2.32)$$

式(2.31)の右辺第 2 項は，m を磁場 B の方向に向けるトルクを表します（図 2.11）．m が B に平行になった時点でこの力はゼロになります．したがって，LLG 方程式の解は，m が B 軸の周りで歳差運動をしながら，B 軸の方向に緩和していく振る舞いをします．

LLG 方程式は単一の磁気モーメントの運動だけでなく，複数の磁気モーメントの集団運動の記述にも使われます．たとえば，強磁性体をたくさんの磁気モーメントの集合とみなして，強磁性体の磁場への応答を記述する応用があります．磁場 B を，周りの磁気モーメントからの影響を考慮に入れた有効磁場 B_{eff} に置き換えることで，複数の磁気モーメントが連動して運動する様子が記述できます．

本節では，まず単一の磁気モーメントの運動を扱い，そのあとで複数の磁気モー

メントの集団運動に拡張します.

◆──実装：単一磁気モーメントの場合

さて，それでは LLG 方程式を解いて，磁気モーメント $\bm{m}(t)$ の運動を可視化します．式(2.31)は常微分方程式の基本形❷式(2.5)になっているので，そのままプログラムに使えます．しかし，よりわかりやすくするために無次元化します．時間の単位として歳差運動の周期 $T_0 = 2\pi/\omega_0$ を使うと，式(2.31)は次の形に無次元化されます．

$$\frac{d\bm{m}(t)}{d(t/T_0)} = 2\pi\left\{-\frac{1}{1+\alpha^2}\bm{m}(t)\times\bm{b} - \frac{\alpha}{1+\alpha^2}\bm{m}(t)\times[\bm{m}(t)\times\bm{b}]\right\} \quad (2.33)$$

ここで，$\bm{b} = \bm{B}/|\bm{B}|$ と定義しました.

パラメータを $\alpha = 0.1$（変数 alpha）および $\bm{b} = (0,0,1)$（変数 h）として，初期条件 $\bm{m}(0) = (1,0,0)$（変数 m0）で無次元時刻 t/T_0 を t_start=0 から t_end=8 まで進めます．グラフ作成用には n_t=401 個のデータを取得し，$\bm{m}(t)$ を可視化します．なお，プログラム中では，γ（変数 gamma）を 1 とおくことで，無次元化した式に対応させています.

プログラム 2.5 llg_0dim.py

```
 1: import numpy as np
 2: from scipy.integrate import solve_ivp
 3: import matplotlib.pyplot as plt
 4:
 5: def func_llg(t, m, h, gamma, lmd):
 6:     m_cross_h = np.cross(m, h)  # 外積 ❶
 7:     m_cross_m_cross_h = np.cross(m, m_cross_h)  # 外積 ❷
 8:     return -gamma * m_cross_h - lmd * m_cross_m_cross_h
 9:
10: def solve_llg(eq_params, m0, h, t_range, n_t):
11:     gamma, alpha = eq_params  # タプルを展開 (unpack)
12:
13:     gamma2 = 2 * np.pi * gamma / (1 + alpha**2)
14:     lmd = alpha * gamma2
15:
16:     # 常微分方程式を解く
17:     sol = solve_ivp(func_llg, t_range, m0, args=(h, gamma2, lmd), dense_output=
             True)
18:     print(sol.message)
19:
20:     # グラフ作成用のdense output
21:     t_start, t_end = t_range  # タプルを展開 (unpack)
22:     t = np.linspace(t_start, t_end, n_t)
```

```
23:        mt = sol.sol(t)
24:        assert mt.shape == (3, n_t)  # 配列の形を確認
25:        return t, mt
26:
27: def plot(t, mt):
28:        fig, ax = plt.subplots(constrained_layout=True)
29:        ax.plot(t, mt[0, :], marker='.', label=r"$m_x$")
30:        ax.plot(t, mt[1, :], marker='.', label=r"$m_y$")
31:        ax.plot(t, mt[2, :], marker='.', label=r"$m_z$")
32:        ax.set_xlabel(r'$t / T_0$')
33:        ax.set_ylabel(r'$m_{\xi}(t)$')
34:        ax.legend()
35:        fig.savefig("llg_0dim_mt.pdf")
36:
37: def plot3D(t, mt):
38:        fig = plt.figure(constrained_layout=True)
39:        ax = fig.add_subplot(projection='3d')  # 3次元プロット用のAxesを取得 ❸
40:        opt = dict(length=1, color='r', arrow_length_ratio=0.1)
41:        ax.quiver(0, 0, 0, mt[0, 0], mt[1, 0], mt[2, 0], **opt)  # 初期ベクトル
42:        ax.quiver(0, 0, 0, mt[0, -1], mt[1, -1], mt[2, -1], **opt)  # 最終ベクトル
43:        ax.plot(mt[0, :], mt[1, :], mt[2, :])  # 軌跡
44:        ax.set_xlim(-1, 1)
45:        ax.set_ylim(-1, 1)
46:        ax.set_zlim(0, 1)
47:        ax.set_xlabel(r'$m_x$')
48:        ax.set_ylabel(r'$m_y$')
49:        ax.set_zlabel(r'$m_z$')
50:        fig.savefig("llg_0dim_3D.pdf")
51:
52: def main():
53:        gamma = 1.0  # 基準
54:        alpha = 0.1
55:
56:        t_start, t_end = 0, 8  # 時刻の範囲
57:        n_t = 401  # 時刻の刻み数（グラフ描画用）
58:
59:        m0 = np.array([1, 0, 0])  # 初期条件
60:        h = np.array([0, 0, 1])  # 磁場（基準）
61:
62:        # LLG方程式を解いて，結果m(t)を取得
63:        t, mt = solve_llg(eq_params=(gamma, alpha), m0=m0, h=h, t_range=(t_start,
                  t_end), n_t=n_t)
64:        assert mt.shape == (3, n_t)  # 配列の形を確認
65:
66:        # グラフ作成
67:        plot(t, mt)
68:        plot3D(t, mt[:, :200])
69:
70: if __name__ == '__main__':
71:        main()
```

func_llg 関数（5〜8 行目）　方程式 (2.33) の右辺を計算します. **❶❷**np.cross 関数
は, 2 つのベクトルの外積を計算して返す関数です**❹ B.7 節**. この関数を 2 回呼び出
せば, 式 (2.33) の右辺が計算できます.

solve_llg 関数（10〜25 行目）　SciPy の solve_ivp 関数を使って, 常微分方程式を
解きます. func_llg 関数のパラメータ（3 番目以降の引数）を, args 引数を使っ
て指定します.

plot 関数（27〜35 行目）　磁気モーメント $m(t)$ の各成分の t 依存性をグラフにします.

plot3D 関数（37〜50 行目）　3 次元プロットを使って, 磁気モーメント $m(t)$ の時
間変化をより直感的に表します. **❸**fig.add_subplot メソッドを呼び出す際に
projection='3d' を指定すると, 3 次元描画用の Axes3D オブジェクトを取得でき
ます. ax.quiver メソッドはグラフに矢印を描画するメソッドで, 3 次元プロット
にも対応しています. 最初の 3 つの引数が矢印の始点, 次の 3 つの引数が矢印の
終点です. ax.plot メソッドも 3 次元に対応していて, 矢印の先端が通る軌跡を
描画します.

main 関数（52〜68 行目）　パラメータや初期条件 $m(0)$ を与えて solve_llg 関数を呼
び出し, 得られた結果を plot 関数と plot3D 関数に渡してグラフを作成します.

　実行すると, solve_ivp 関数の返す以下の終了メッセージが表示されます. 計算
は数秒で終わります.

```
The solver successfully reached the end of the integration interval.
```

　図 2.12(a) は plot3D 関数によって出力された図で, 磁気モーメント $m(t)$ の向き
を 3 次元的に可視化したものです. $t = 0$ で x 方向を向いている磁気モーメントが,

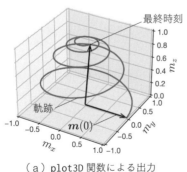

（a）plot3D 関数による出力

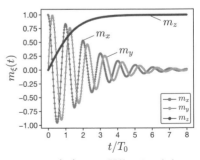

（b）plot 関数による出力

図 2.12　LLG 方程式の解 $m(t)$

z 軸周りに回転しながら z 軸に向く様子がわかります．このように，3 次元プロット
は直感的に運動の様子を理解するのに役立ちます．一方，より正確に運動の様子を
表現するには，横軸を t にとったグラフが有用です．図 (b) は plot 関数によって出
力された，$\boldsymbol{m}(t)$ の t 依存性のグラフです．$m_x(t)$，$m_y(t)$ は減衰振動で，周期が T_0
におよそ一致していることが確認できます（正確には $(1+\alpha^2)T_0$）．$m_x(t)$，$m_y(t)$
の減衰に伴い，$m_z(t)$ が増加して 1 に収束します．これは，ギルバート減衰項によ
る緩和を表しています．

課題 2.2　減衰パラメータ α を変化させて，どのように解の振る舞いが変わるかを調
べてみましょう．$\alpha > 1$ だと過減衰，$\alpha = 1$ のときに臨界減衰になります．

◆──実装：複数の磁気モーメントの集団運動

次に，LLG 方程式 (2.30) を複数の磁気モーメントの集団運動に応用します．簡単
のため，大きさの同じ N 個の磁気モーメントが 1 次元的に整列している状況を考
えます．磁気モーメントを $i = 0, 1, \ldots, N-1$ でラベル付けすると，i 番目の磁気
モーメント $\boldsymbol{m}_i(t)$ の運動方程式は以下で与えられます．

$$\frac{d\boldsymbol{m}_i(t)}{dt} = -\gamma\boldsymbol{m}_i(t) \times \boldsymbol{B}_{\text{eff},i}(t) + \alpha\boldsymbol{m}_i(t) \times \frac{d\boldsymbol{m}_i(t)}{dt} \qquad (2.34)$$

元の LLG 方程式 (2.30) との違いは，磁場 $\boldsymbol{B}$ が有効磁場 $\boldsymbol{B}_{\text{eff},i}(t)$ で置き換わってい
る点です．強磁性物質を想定し，隣どうしの磁気モーメントの向きを互いにそろえ
るような有効磁場（分子場）を考えます．すると，$\boldsymbol{B}_{\text{eff},i}(t)$ は

$$\boldsymbol{B}_{\text{eff},i}(t) = \boldsymbol{B} + \frac{J}{2}[\boldsymbol{m}_{i-1}(t) + \boldsymbol{m}_{i+1}(t)] \qquad (2.35)$$

で与えられます．J は強磁性相互作用の強さを表す定数です．簡単のため，両端の
磁気モーメントが互いに隣り合っているリング状の 1 次元系を考え，$\boldsymbol{m}_N = \boldsymbol{m}_0$，
$\boldsymbol{m}_{-1} = \boldsymbol{m}_{N-1}$ とします（周期境界条件）．

単一磁気モーメントの例では，$\boldsymbol{B}$ から定義される歳差運動の角振動数 $\omega_0 = \gamma|\boldsymbol{B}|$
を使って方程式を無次元化しました．ここでは，J から定義される角振動数 $\omega_1 = \gamma J$
を基準に考え，周期 $T_1 = 2\pi/\omega_1$ で t を無次元化します．パラメータは $N = 40$（変
数 N）および $\alpha = 0.1$（変数 alpha）として，初期状態 $\{\boldsymbol{m}_i(0)\}$ はランダムとしま
す．最終的に磁化が y 軸に向くように，小さい磁場 $\boldsymbol{b} \equiv \boldsymbol{B}/J = (0, 0.1, 0)$（変数 h）
を加えておきます．無次元時刻 t/T_1 を t_start=0 から t_end=40 まで n_t=201 個

に等分した時刻における $\{\boldsymbol{m}_i(t)\}$ を取得し，アニメーションと各時刻におけるグラフを出力します．コードの中では，γ と J（それぞれ変数 gamma と J）に 1 を代入することで無次元化に対応させています．

プログラム 2.6 llg_1dim.py

```python
 1: import numpy as np
 2: from scipy.integrate import solve_ivp
 3: import matplotlib.pyplot as plt
 4: import matplotlib.animation as animation
 5:
 6: def func_llg(t, m, h, gamma, lmd, J):
 7:     m_3d = m.reshape(-1, 3)  # 2次元化
 8:     h_eff = h + (J/2.) * (np.roll(m_3d, 1, axis=0) + np.roll(m_3d, -1, axis=0))
                    # 有効磁場 ❶
 9:     m_cross_h = np.cross(m_3d, h_eff)  # 外積 ❷
10:     m_cross_m_cross_h = np.cross(m_3d, m_cross_h)  # 外積 ❸
11:     dmdt = -gamma * m_cross_h - lmd * m_cross_m_cross_h
12:     return dmdt.reshape(-1)  # 1次元化
13:
14: def solve_llg(eq_params, m0, h, t_range, n_t):
15:     gamma, alpha, J = eq_params  # タプルを展開 (unpack)
16:     gamma2 = 2 * np.pi * gamma / (1 + alpha**2)
17:     lmd = alpha * gamma2
18:
19:     # 常微分方程式を解く
20:     m0_1d = m0.reshape(-1)  # 1次元化
21:     sol = solve_ivp(func_llg, t_range, m0_1d, args=(h, gamma2, lmd, J),
                dense_output=True)
22:     print(sol.message)
23:
24:     # グラフ作成用のdense output
25:     t_start, t_end = t_range  # タプルを展開 (unpack)
26:     t = np.linspace(t_start, t_end, n_t)
27:     mt_1d = sol.sol(t)  # (3*N, n_t)
28:     mt = mt_1d.reshape(-1, 3, n_t)  # (N, 3, n_t)
29:     return t, mt
30:
31: def plot(t, mt):
32:     N, _, _ = mt.shape
33:     x = np.arange(N)
34:
35:     for i in range(0, t.size, 10):
36:         fig, ax = plt.subplots(figsize=(8, 1.5), constrained_layout=True)
37:         ax.axis('off')  # 軸を消去
38:         ax.axhline(0, lw=0.5, color='k')  # x軸
39:         ax.quiver(x, 0, mt[:, 0, i], mt[:, 1, i])
                        # x軸上に磁気モーメントのxy成分を矢印で描画 ❹
40:         ax.text(0.05, 1.05, rf"$t / T_1 = {t[i]:.2f}$", transform=ax.transAxes)
                    # 時刻
41:         fig.savefig(f"llg_1dim_{i:03d}.pdf")
```

```
42:        plt.close()  # キャッシュをクリア
43:
44: def make_anim(t, mt):
45:     N, _, _ = mt.shape
46:     x = np.arange(N)
47:
48:     fig, ax = plt.subplots(figsize=(8, 1.5), constrained_layout=True)
49:     ax.axis('off')  # 軸を消去
50:
51:     artists = []
52:     for i in range(t.size):
53:         artist = [ax.quiver(x, 0, mt[:, 0, i], mt[:, 1, i])]
54:         artist += [ax.axhline(0, lw=0.5, color='k')]
55:         artist += [ax.text(0.05, 1.05, rf"$t / T_1 = {t[i]:.2f}$",
                       transform=ax.transAxes)]
56:         artists.append(artist)
57:
58:     anim = animation.ArtistAnimation(fig, artists, interval=100, repeat=False)
59:
60:     file_gif = "llg_1dim_anim.gif"
61:     anim.save(file_gif, writer="imagemagick")
62:     print(f"'{file_gif}' generated")
63:
64: def main():
65:     N = 40  # 磁気モーメントの数
66:     gamma = 1.0  # 基準
67:     alpha = 0.1
68:     J = 1.0  # 基準
69:
70:     t_start, t_end = 0, 40  # 時刻の範囲
71:     n_t = 201  # 時刻の刻み数（グラフ描画用）
72:
73:     # 初期条件
74:     seed = 1  # 乱数の種
75:     rng = np.random.default_rng(seed=seed)  # 乱数生成器 ❺
76:     m0 = rng.random(size=(N, 3)) * 2 - 1  # [-1,1)
77:     m_norm = np.sum(m0**2, axis=1)**0.5  # 磁化の大きさ
78:     assert m_norm.shape == (N,)
79:     m0 /= m_norm[:, None]  # 規格化
80:     assert m0.shape == (N, 3)  # 配列の形を確認
81:
82:     h = np.array([0, 0.1, 0])  # 磁場
83:
84:     # LLG方程式を解いて，結果m(t)を取得
85:     t, mt = solve_llg(eq_params=(gamma, alpha, J), m0=m0, h=h, t_range=(t_start,
               t_end), n_t=n_t)
86:     assert mt.shape == (N, 3, n_t)  # 配列の形を確認
87:
88:     # グラフ作成
89:     plot(t, mt)
90:     make_anim(t, mt)
```

```
91:
92: if __name__ == '__main__':
93:     main()
```

解説

　単一磁気モーメントのコード llg_0dim.py との違いを中心に解説します．初期状態 $\{\boldsymbol{m}_i(0)\}$ を表す配列 m0 は shape=(N, 3) の 2 次元配列です（80 行目）．しかし，SciPy の solve_ivp 関数は 1 次元配列しか受け付けません．そこで，NumPy の reshape メソッド◦B.3節を使って，配列 m0 を shape=(3*N,) の 1 次元配列に変換してから solve_ivp 関数に渡します（20 行目）．solve_ivp 関数は内部で func_llg 関数を呼び出します．func_llg 関数は 1 次元配列を受け取ったら，reshape メソッドを使って shape=(N, 3) の 2 次元配列に戻します（7 行目）．そして，方程式(2.34)の右辺を評価したあと，再び 1 次元配列に戻して return します（12 行目）．このように，2 次元配列と 1 次元配列を適宜変換することで，solve_ivp 関数のインターフェースにあわせつつ，直感的に演算を行うことができます．reshape メソッドはビューを返すだけなので，変換においてコストはかかりません．詳細は B.3 節を参照してください．

func_llg 関数（6〜12 行目）　この関数は solve_ivp 関数から繰り返し呼び出されるので，実行速度に大きく影響します．なるべく for ループを使わないで書くことを意識します．❶式(2.35)で定義される有効磁場を計算しています．np.roll 関数を使うことで，for ループを避けることができます◦B.3節．❷❸np.cross 関数に多次元配列を与えた場合，配列の一番後ろの軸に関して外積が評価されます．❷では，shape=(N, 3) と shape=(3,) の配列から shape=(N, 3) の配列が得られ，❸では 2 つの shape=(N, 3) 配列から shape=(N, 3) 配列が得られます．このように，ベクトル化された NumPy の関数を利用することで，明示的に for ループを回すことなく実装できます．

plot 関数（31〜42 行目）　❹Matplotlib の ax.quiver メソッドを使って，磁気モーメントを矢印の向きの並びとして表します．ファイル名に _010 などの番号をつけて，異なる時刻ごとに 1 つのファイルに出力しています．

make_anim 関数（44〜62 行目）　磁気モーメントの時間変化をアニメーションとして出力します．アニメーションの作成法は，3.4 節で詳しく解説します．

main 関数（64〜90 行目）　❺乱数を使って，ランダムな初期配置 $\{\boldsymbol{m}_i(0)\}$ を生成します．3 成分を $[0,1)$ の範囲でランダムに生成したあとで，$|\boldsymbol{m}_i(0)| = 1$ に規格化します．seed の値を変えると，得られる初期配置が変わります．乱数については 5.8 節で詳しく解説します．

　結果を**図 2.13** に示します．矢印は $\boldsymbol{m}_i$ の xy 面への射影（z 軸から見た $\boldsymbol{m}_i$）を表します．射影しているので矢印の大きさがさまざまですが，実際の $\boldsymbol{m}_i$ はすべて大き

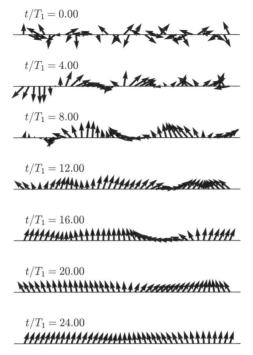

図 2.13　LLG 方程式の解 $m_i(t)$ の時間変化．矢印は m_i の xy 面への射影．

さ 1 です．$t = 0$ においてランダムな配置にある磁気モーメントが，まずは部分的に
そろい（$t/T_1 = 4, 8$），それらが次第に全体に広がり（$t/T_1 = 12, 16, 20$），最終的に
はすべての磁気モーメントが外部磁場 b と同じ y 軸方向にそろいます（$t/T_1 = 24$）．
途中の時刻 $t/T_1 = 12, 16, 20$ において，全体的に波打つような配置になっているこ
とが確認できます．このような配置は，隣り合う磁気モーメントの差異（正確には
内積 $m_i \cdot m_{i+1}$ の 1 からのずれ）が小さいため，エネルギー的にそれほど高くあり
ません．一方，$t = 0$ のように隣り合う磁気モーメントが互いに異なる方向を向い
た状態は，エネルギーの高い状態です．時間の経過とともに，エネルギーの低い状
態に変化していることがわかります．

　課題 2.3　平均磁化 $m_{\mathrm{tot}}(t) = (1/N) \sum_i m_i(t)$ の時間変化をグラフにしてみましょ
う．単一磁気モーメントの時間変化●図2.12と比較してみてください．

　課題 2.4　全エネルギー $E(t) = -\sum_i m_i(t) \cdot B_{\mathrm{eff}, i}(t)$ の時間変化をグラフにしてみ
ましょう．基底状態への緩和の様子がわかります．

第**3**章 振動・波動
——偏微分方程式

> **この章で扱うおもなクラスと関数**
> ☑ scipy.sparse.csr_matrix クラス：疎行列のクラス（行優先形式）**➲** 3.2 節
> ☑ scipy.linalg.lu_factor 関数, scipy.linalg.lu_solve 関数：連立方程式の解法（密行列）**➲** 3.7 節
> ☑ scipy.sparse.linalg.spsolve 関数：連立方程式の解法（疎行列）**➲** 3.7 節
>
> **この章で取り上げる問題**
> ☑ KdV 方程式（初期値問題）：浅い水面を進む波**➲** 3.4 節
> ☑ 時間依存シュレディンガー方程式（初期値問題）：波束の反射と透過**➲** 3.5 節
> ☑ ポアソン方程式（境界値問題）：静電ポテンシャルと電場の分布**➲** 3.8 節

3.1 | 物理学における偏微分方程式

この章では，偏微分方程式（Partial Differential Equation; PDE）を扱います．偏微分方程式は，2 つ以上の変数をもつ関数（$u(x,t)$ や $u(x,y,z)$ など）に関する微分方程式です．偏微分方程式の問題設定は，次の 2 つに分類されます（**図 3.1**）.

- 初期値問題（**initial value problem**）
- 境界値問題（**boundary value problem**）

物理の問題に即して言い換えると，前者が時間微分を含む方程式から**時間発展**（**time evolution**）を求める問題，後者が時間微分を含まない方程式を満たす**静的な解**（**static**

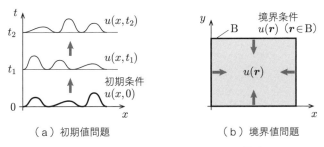

（a）初期値問題 （b）境界値問題

図 3.1 偏微分方程式の 2 つの問題設定の模式図

solution）を探す問題です．また，初期値問題は時間方向に開いた半無限領域の解
を求める問題，境界値問題は閉じた領域内における解を求める問題ともいえます．

3.1.1 | 初期値問題

時間 t を含む偏微分方程式の 1 つに，次の拡散方程式があります．

$$\frac{\partial u(x,t)}{\partial t} = \alpha \frac{\partial^2 u(x,t)}{\partial x^2} \tag{3.1}$$

$u(x,t)$ は時刻 t，位置 x における密度や熱などの物理量，α は拡散係数です．通常
は拡散係数は D で表すことが多いですが，あとで出てくる行列との混同を避ける
ために α を用います．時刻 t における関数 $u(x,t)$ の形から，式(3.1)の右辺を評価
することで $u(x,t)$ の時間変化が決まります．ここから微小時間 Δt だけあとの関数
$u(t+\Delta t, x)$ を求め，これを繰り返すことで，時間 t を進めていくのが初期値問題
です．第 2 章で解説した常微分方程式と似た問題であり，実際，常微分方程式の数
値解法を応用して解いていきます．

時間を含んだ偏微分方程式の代表的なものとしては，以下が挙げられます．

- 拡散方程式
- 波動方程式
- **KdV 方程式**⤵3.4 節
- **時間に依存したシュレディンガー方程式**⤵3.5 節

この章の前半で，初期値問題の解法を解説します．

3.1.2 | 境界値問題

偏微分方程式には，時間 t を含まないものもあります．たとえば，拡散方程式
(3.1)の左辺を時間によらない関数で置き換えると，電磁気学などで現れるポアソン
方程式と同型になります．

$$\left(\frac{\partial^2}{\partial x^2} + \frac{\partial^2}{\partial y^2} \right) u(x,y) = \rho(x,y) \tag{3.2}$$

空間次元を 2 次元としました．$u(x,y)$ が求めたい関数（静電ポテンシャルなど）で，
右辺の $\rho(x,y)$ は与えられているとします（電荷分布など）．ある領域内でこの方程
式を満たし，かつ境界上で与えられた条件を満たすような $u(x,y)$ の関数形を求め

るのが境界値問題です.

　時間を含まない偏微分方程式として，代表的なものを以下に挙げます.

- **ポアソン方程式**❍ 3.8 節
- **時間に依存しないシュレディンガー方程式**❍ 4.3 節

これらの境界値問題は，空間を離散化して，微分を差分に置き換えることで，連立方程式や固有値方程式といった線形代数の問題として表せます．連立方程式に帰着するポアソン方程式の問題を本章の後半で，固有値問題に帰着するシュレディンガー方程式の問題を第 4 章で扱います.

3.2 | 解法　差分法

　偏微分方程式を解くには，時間を含む場合も含まない場合も，まずは空間に関する微分をどのように扱うかを考える必要があります．そこでこの節では，偏微分方程式を解く準備として，離散化された空間上で微分を評価するための**差分法**（**finite difference method**）について解説します.

◆——差分公式

　関数 $f(x)$ の解析的な表式が与えられていれば，その微分 $f'(x)$ の表式も求めることができます．しかし，$f(x)$ が数値的にしか得られない場合には，微分を数値的に評価する必要があります．また，偏微分方程式のように，$f(x)$ の具体的な表式が与えられていない場合も同様です．このような場合には，変数 x を離散化することで得られる**差分公式**を使います.

　例として，1 階微分を考えます．座標 x を間隔 h で等間隔に離散化し，各離散点 x_i 上における関数 $f(x)$ の値を $f(x_i) \equiv f_i$ とします．差分公式を求めるには，$f(x_i \pm h)$ を h についてテイラー展開した表式を利用します.

$$f(x_i \pm h) = f(x_i) \pm h f'(x_i) + \frac{h^2}{2} f''(x_i) + \mathcal{O}(h^3) \qquad (3.3)$$

最後の $\mathcal{O}(h^3)$ は，h^3 に比例する項を無視したことを表します．式(3.3)のプラスの場合の式を 1 階微分 $f'(x_i)$ について整理すると，

$$f'(x_i) = \frac{f_{i+1} - f_i}{h} + \mathcal{O}(h^1) \tag{3.4}$$

が得られます．x_i と 1 つ先の点 x_{i+1} を使っていることから，この式を**前進差分**（**forward finite difference**）とよびます．近似の精度は $\mathcal{O}(h^1)$ です．一方，式(3.3)のマイナスの場合の式を使うと，

$$f'(x_i) = \frac{f_i - f_{i-1}}{h} + \mathcal{O}(h^1) \tag{3.5}$$

が得られます．これを**後退差分**（**backward finite difference**）とよびます．近似の精度は前進差分と同じ $\mathcal{O}(h^1)$ です．これらの公式の模式図を，**図 3.2** に示します．

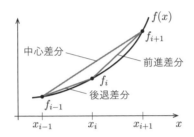

図 3.2　$x = x_i$ における 1 階微分 $f'(x_i)$ の差分公式の模式図

　前進差分や後退差分の精度 $\mathcal{O}(h^1)$ は，実用的にはよいものではありません．また，対称性の悪い形になっている点も気になります．たとえば，点 x_i における後退差分の式(3.5)は，点 x_{i-1} における前進差分と同じ式です．そこで，x_{i+1} と x_{i-1} の 2 点を使うと，より対称性のよい公式が得られます．式(3.3)のプラスとマイナスの場合の式を互いに差し引くと，

$$f'(x_i) = \frac{f_{i+1} - f_{i-1}}{2h} + \mathcal{O}(h^2) \tag{3.6}$$

が得られます．これを**中心差分**（**central finite difference**）とよびます．$f''(x_i)$ の項が消えるために，誤差の次数が 1 次上がって $\mathcal{O}(h^2)$ となります．以下で示す高精度の公式との区別を明確にするために，「2 次精度」の中心差分公式とよぶこともあります．さらに，$x_{i\pm1}$ に加えて $x_{i\pm2}$ の計 4 点を使うことで，4 次精度の公式を導くこともできます．結果のみ以下に示します．

$$f'(x_i) = \frac{-f_{i+2} + 8f_{i+1} - 8f_{i-1} + f_{i-2}}{12h} + \mathcal{O}(h^4) \tag{3.7}$$

導出には，式(3.3)に加えて，$f(x_i \pm 2h)$ のテイラー展開を使います．

同様にして，2 階以上の微分もテイラー展開を使うことで差分として表すことができます．たとえば，式(3.3)のプラスとマイナスの式を互いに足し合わせて $f''(x_i)$ について整理すると，2 階微分に関する中心差分公式が得られます．

$$f''(x_i) = \frac{f_{i+1} - 2f_i + f_{i-1}}{h^2} + \mathcal{O}(h^2) \tag{3.8}$$

このように，微分は $\{f_i\}$ に適当な係数を掛けて足し合わせることで表されます．具体的には，関数 $f(x)$ の n 階微分 $f^{(n)}(x)$ は

$$f^{(n)}(x_i) = \frac{1}{h^n} \sum_j \alpha_j f_{i+j} + \mathcal{O}(h^m) \tag{3.9}$$

と表現できます[注1]．この係数 α_j が，微分の階数 n や誤差の次数 m ごとに与えられます．毎回係数を導くのは大変なので，導出法を理解したら，係数の一覧表を参照するのが便利です．中心差分公式における係数の一覧表を，**表 3.1** に示します．た

表 3.1　中心差分公式(3.9)における係数 α_j．n は微分の階数 $f^{(n)}$，m は誤差の次数 $\mathcal{O}(h^m)$，最終カラムの数値（分数）が係数 α_j を表す．
[B. Fornberg, Math. Comp. **51** (1988), 699]

n	m	j								
		-4	-3	-2	-1	0	1	2	3	4
1	2				$-\frac{1}{2}$	0	$\frac{1}{2}$			
	4			$\frac{1}{12}$	$-\frac{2}{3}$	0	$\frac{2}{3}$	$-\frac{1}{12}$		
	6		$-\frac{1}{60}$	$\frac{3}{20}$	$-\frac{3}{4}$	0	$\frac{3}{4}$	$-\frac{3}{20}$	$\frac{1}{60}$	
	8	$\frac{1}{280}$	$-\frac{4}{105}$	$\frac{1}{5}$	$-\frac{4}{5}$	0	$\frac{4}{5}$	$-\frac{1}{5}$	$\frac{4}{105}$	$-\frac{1}{280}$
2	2				1	-2	1			
	4			$-\frac{1}{12}$	$\frac{4}{3}$	$-\frac{5}{2}$	$\frac{4}{3}$	$-\frac{1}{12}$		
	6		$\frac{1}{90}$	$-\frac{3}{20}$	$\frac{3}{2}$	$-\frac{49}{18}$	$\frac{3}{2}$	$-\frac{3}{20}$	$\frac{1}{90}$	
	8	$-\frac{1}{560}$	$\frac{8}{315}$	$-\frac{1}{5}$	$\frac{8}{5}$	$-\frac{205}{72}$	$\frac{8}{5}$	$-\frac{1}{5}$	$\frac{8}{315}$	$-\frac{1}{560}$
3	2			$-\frac{1}{2}$	1	0	-1	$\frac{1}{2}$		
	4		$\frac{1}{8}$	-1	$\frac{13}{8}$	0	$-\frac{13}{8}$	1	$-\frac{1}{8}$	
	6	$-\frac{7}{240}$	$\frac{3}{10}$	$-\frac{169}{120}$	$\frac{61}{30}$	0	$-\frac{61}{30}$	$\frac{169}{120}$	$-\frac{3}{10}$	$\frac{7}{240}$
4	2			1	-4	6	-4	1		
	4		$-\frac{1}{6}$	2	$-\frac{13}{2}$	$\frac{28}{3}$	$-\frac{13}{2}$	2	$-\frac{1}{6}$	
	6	$\frac{7}{240}$	$-\frac{2}{5}$	$\frac{169}{60}$	$-\frac{122}{15}$	$\frac{91}{8}$	$-\frac{122}{15}$	$\frac{169}{60}$	$-\frac{2}{5}$	$\frac{7}{240}$

注1　このように線形結合で表せるのは，微分演算子が線形演算子であるためです．

とえば, $(n, m) = (1, 2)$ が2次精度の1階中心差分公式(3.6)に対応しています. また, $(n, m) = (1, 4)$ が式(3.7), $(n, m) = (2, 2)$ が式(3.8)に一致していることが確認できます.

◆——行列表示

差分公式(3.9)は, 行列を用いて表すことができます. N個の座標点x_iにおける関数$f(x)$の値の集合をベクトル$\boldsymbol{f} \equiv (f(x_0), f(x_1), \ldots, f(x_{N-1}))^{\mathrm{T}}$で表します. ここで, 上付き添え字の$\mathrm{T}$は転置の意味で, $\boldsymbol{f}$が縦ベクトルになるようにつけてあります. 関数$f(x)$のn階微分を, 同様にベクトル$\boldsymbol{f}^{(n)} \equiv (f^{(n)}(x_0), f^{(n)}(x_1), \ldots, f^{(n)}(x_{N-1}))^{\mathrm{T}}$で表すと, 式(3.9)は

$$\boldsymbol{f}^{(n)} = D^{(n)} \boldsymbol{f} \tag{3.10}$$

と表されます. ここで, $D^{(n)}$は$N \times N$行列で, たとえば, 1階微分の中心差分公式(3.6)の場合には,

$$D^{(1)} = \frac{1}{2h} \begin{pmatrix} 0 & 1 & 0 & \cdots & 0 & -1 \\ -1 & 0 & 1 & & & 0 \\ 0 & -1 & 0 & \ddots & & \vdots \\ \vdots & & \ddots & \ddots & \ddots & 0 \\ 0 & & & \ddots & 0 & 1 \\ 1 & 0 & \cdots & 0 & -1 & 0 \end{pmatrix} \tag{3.11}$$

で与えられます. 同様に, 2階微分の中心差分公式(3.8)に対応する行列$D^{(2)}$は

$$D^{(2)} = \frac{1}{h^2} \begin{pmatrix} -2 & 1 & 0 & \cdots & 0 & 1 \\ 1 & -2 & 1 & & & 0 \\ 0 & 1 & -2 & \ddots & & \vdots \\ \vdots & & \ddots & \ddots & \ddots & 0 \\ 0 & & & \ddots & -2 & 1 \\ 1 & 0 & \cdots & 0 & 1 & -2 \end{pmatrix} \tag{3.12}$$

で与えられます. これらの行列の最左下と最右上の成分 ($(0, N-1)$ と $(N-1, 0)$) がゼロでないのは, **周期境界条件** $f_i = f_{i+N}$ を仮定しているためです. つまり, 座標の両端が互いにつながっているループ状の1次元空間を考えていることになります. もし, ループ状ではなく閉じた系を扱いたい場合には, 境界近傍だけ前進差分公式や後退差分公式を使う必要があり, 行列がやや規則的ではなくなります. Nを

十分大きくとって端の影響が無視できる領域に注目するのであれば，周期境界条件のほうが簡単です．

　ここまでは1次元空間のみを考えてきました．2次元空間や3次元空間の場合には，微分演算子は $D^{(n)}$ を含むブロック行列として表されます．具体的に，ポアソン方程式の例題○3.8節で扱います．

　式(3.11)や式(3.12)から，行列 $D^{(n)}$ は多くのゼロを含む**疎行列**であることがわかります．したがって，プログラム中ではそれに適したクラスを用いると，計算の高速化やメモリの節約が実現できます．

Library　SciPy による疎行列の取り扱い

　Python で疎行列を使用するには，SciPy の疎行列モジュール `scipy.sparse` を使います．疎行列を表現するクラスとして，行列要素の保持形式が異なる複数のクラスが提供されています．代表的なものを以下に挙げます注2．

- **`csr_matrix` クラス**：行優先の圧縮形式（compressed row matrix）
- **`csc_matrix` クラス**：列優先の圧縮形式（compressed column matrix）
- **`lil_matrix` クラス**：疎行列の作成に適した2重リスト形式
- **`dia_matrix` クラス**：対角行列や帯行列用の形式

行優先とは，行ごとに成分をメモリ上に連続的に配置した保持形式です．したがって，右からベクトルや行列を作用させる演算が多いなら，行優先形式 `csr_matrix` を選択すると演算効率が上がります．逆に，左からの演算が多いなら列優先形式 `csc_matrix` が妥当です．ただし，これらのクラスは要素の追加・削除ができません．要素を追加しながら行列を作成する場合には `lil_matrix` を使用し，行列ができあがったあとで，`csr_matrix` や `csc_matrix` へ変換して演算に使用します．

　疎行列どうしの演算には，NumPy と同様に，記号 +，-，@ を使用します○1.2.5項．以下に簡単な例を示します（スピン演算子の交換関係○4.1.2項を計算しています）．

```
>>> from scipy import sparse
>>> sx = sparse.csr_matrix([[0, 1], [1, 0]]) / 2
>>> sy = sparse.csr_matrix([[0, -1j], [1j, 0]]) / 2
>>> sz = (sx @ sy - sy @ sx) / 1j
>>> sz.toarray()
```

注2　SciPy バージョン 1.8.0 以降では，`csr_matrix` クラスなどに代わり，`csr_array` クラスなどの使用が推奨されています．対応している環境の場合には，array のほうを優先して使ってください．

```
array([[ 0.5+0.j,  0. +0.j],
       [ 0. +0.j, -0.5+0.j]])
```

最後の `toarray()` は，疎行列を NumPy 配列に変換するメソッドです．なお，疎行列と NumPy 配列との演算も可能です．結果は NumPy 配列になります．

疎行列の生成や演算には，`scipy.sparse` モジュールにある関数を使用します．対角化や連立方程式などの線形代数には，`scipy.sparse.linalg` モジュールに含まれる関数を使用します．詳細は B.7 節を参照してください．

実行したい計算が `scipy.sparse` モジュールや `scipy.sparse.linalg` モジュールにない場合は，NumPy や `scipy.linalg` モジュールに含まれている通常の行列（NumPy 配列）用の関数を使用するしかありません．その際には，必ず，**`toarray()` メソッドを使って疎行列を NumPy 配列に変換してから関数に与える**ように注意してください．NumPy 配列用の関数に疎行列クラスを与えると，エラーが発生したり間違った結果が得られる場合があります．

3.3 | **解法** 初期値問題

さて，準備が整ったので，偏微分方程式の初期値問題の解法に進みます．話を具体的にするために，1 次元の拡散方程式(3.1)を考えます．前節の手順に従い，空間座標 x を間隔 h で離散化し，空間微分を差分で置き換えます．2 次の中心差分公式(3.8)を適用すると，式(3.1)は

$$\frac{\partial u(x_i, t)}{\partial t} = \frac{\alpha}{h^2}[u(x_{i+1}, t) - 2u(x_i, t) + u(x_{i-1}, t)] \tag{3.13}$$

と表されます．いま，i 番目の成分に $u(x_i, t)$ をもつベクトル $\boldsymbol{u}(t)$ を導入すると，この方程式は

$$\frac{d\boldsymbol{u}(t)}{dt} = \alpha D^{(2)} \boldsymbol{u}(t) \tag{3.14}$$

と表せます．$D^{(2)}$ は式(3.12)で定義されます．この式を元の式(3.1)と比べると，関数 $u(x, t)$ をベクトル $\boldsymbol{u}(t)$ で置き換え，微分演算子 $\partial^2/\partial x^2$ を行列 $D^{(2)}$ で置き換えたことになります．これにより，偏微分方程式が式(2.5)で与えられる常微分方程式の一般形と同じ形になりました．したがって，ベクトル $\boldsymbol{u}(t)$ の時間発展に対して，2.2 節で解説した常微分方程式の数値解法がそのまま適用できます．とくに時間

発展に前進オイラー法を用いるアプローチを，FTCS 法（Forward Time Centered Space method）とよびます．

◆──**不安定性**

　常微分方程式の解法でアルゴリズム特有の不安定性について解説しました[●]p.21 が，偏微分方程式ではこの不安定性が現れやすくなります．不安定性が現れると，わずかな数値誤差が指数関数的に増大し，いずれ発散してしまいます．これは「誤差の爆発」とよばれます．この不安定性はアルゴリズム特有のものなので，たとえプログラムが正しく書けていても，正しい結果が得られません．一見するとプログラムのバグのように見えるので，これを知らないと，存在しないバグを探し続けることになってしまいます．

　誤差の爆発は，時間の刻み幅 Δt を十分小さくとっていない場合に起こります．必要な Δt の目安は，空間微分の最大の階数を n として

$$\frac{\Delta t}{(\Delta x)^n} \lesssim 1 \qquad (3.15)$$

で表されます．Δx は空間の刻み幅です．分母の $(\Delta x)^n$ は，空間微分の差分表示に起因します．これが分母にあるため，常微分方程式の場合よりも Δt の制限がシビアです．空間微分の精度を上げようと Δx を小さくしたら，それに応じて Δt も小さくしなければなりません．たとえば拡散方程式(3.1)の場合，Δx を 1/10 にしたら Δt を 1/100 にしないと，計算が不安定になる恐れがあります．

　不等式(3.15)の右辺は実際には 1 ではなく，方程式のパラメータ（拡散方程式なら α）にも依存します．より正確な表現は，フーリエ変換を用いた**フォン・ノイマンの安定性解析**（**von Neumann stability analysis**）とよばれる方法により導くことができます．詳細は，たとえば文献[1]を参照してください．

　結果がおかしいと感じたら，Δt を小さくして，結果が変わるかを確認してください．おかしな結果の原因がバグか不安定性かを切り分けることが重要です．

3.4 | 例題 **KdV 方程式──ソリトン**

　次式で定義される非線形偏微分方程式は，**コルトヴェーグ・ド・フリース**（**Ko-**

rteweg–de Vries，**KdV**）**方程式**とよばれます．

$$\frac{\partial u(x,t)}{\partial t} + 6u(x,t)\frac{\partial u(x,t)}{\partial x} + \frac{\partial^3 u(x,t)}{\partial x^3} = 0 \tag{3.16}$$

$u(x,t)$ は実数とします．各項の係数や符号は変数変換で変わるので，重要ではありません．慣例的に第 2 項の係数を 6 とする文献が多いので，ここではそれに従います．この方程式は，**孤立波（ソリトン）** を解としてもつことが知られています．$u(x,t)$ の時間発展を数値計算によって解き，孤立波を確認してみましょう．

◆──KdV 方程式の概要

　KdV 方程式は，浅い水面を進む波（浅水波）を記述します[12]．浅水波とは，**図 3.3** に示す模式図のように，波の波長 λ が水深 h に比べて大きい（$\lambda > h$）状況にある波を意味します．

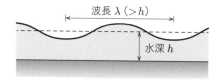

図 3.3　浅水波の模式図

　非線形項の役割を考えるために，式(3.16)から第 3 項を除いた方程式を考えます．

$$\frac{\partial u(x,t)}{\partial t} + 6u(x,t)\frac{\partial u(x,t)}{\partial x} = 0 \tag{3.17}$$

仮に，左辺の $6u(x,t)$ を x，t によらない定数 c で置き換えると，この方程式は線形の移流方程式となり，解は微分可能な任意の関数 $f(x)$ を用いて $u(x,t) = f(x - ct)$ と表せます．実は，この c をそのまま $6u$ に戻したものが，方程式(3.17)の一般解になっています．

$$u(x,t) = f(x - 6ut) \tag{3.18}$$

この一般解は，速度 $v = 6u$ の進行波を表します．つまり，速度が波の高さに比例します．したがって，**図 3.4**(a)に示すように，波の高い部分ほど速く進もうとするため，波形が前のめりになっていき，最終的には波が垂直に反り立った形になります．これを波の突っ立ちといいます．海の波が海岸に近づくにつれて徐々に反り立ち，最終的に波が上から覆いかぶさって「ざぶーん」となる現象に対応します．波

（ a ）非線形項による波の突っ立ち　　　（ b ）分散項による波の広がり

図 3.4　KdV 方程式における項の効果の模式図

の「ざぶーん」は非線形効果によって起こります．

　一方，KdV 方程式(3.16)の第 3 項（線形項あるいは分散項）は，図(b)に示すような，時間とともに波が広がる性質を記述します．KdV 方程式では，非線形項の波形を崩す効果と分散項の波形を広げる効果がうまく釣り合って，非線形方程式であるにもかかわらず，波形を保ったまま進む進行波を解としてもちます．

　KdV 方程式は非線形方程式なので，解の重ね合わせが成り立ちません．しかし，2 つの進行波が衝突して互いに離れたあと，それぞれ元の波形を保ちます．このように，KdV 方程式の進行波は粒子のような振る舞いをすることから，**solitary wave**（**孤立波**），または solitary と粒子を表す -on を組み合わせて **soliton**（**ソリトン**）とよばれます．

　ソリトンは，計算機を利用した「数値実験」によって研究が進展した 1 つの例です．1950 年代に，初期の計算機を用いて，KdV 方程式と関連した非線形格子模型において，一定時間が経過したあとに状態が元に戻る再起現象が観測されました．これは**フェルミ－パスタ－ウラムの再起現象**として知られています[12]．その後，数値実験と解析的方法をあわせて利用することで，非線形方程式におけるソリトンの研究が進んできました．以下で，KdV 方程式を実際に解いて，数値実験を体験しましょう．

◆——**実装**

　それでは，KdV 方程式の数値解を求めます．3.3 節の方法に従って，空間座標 x を間隔 h で離散化し，$u(x,t)$ をベクトル $\boldsymbol{u}(t) \equiv (u(x_0,t), u(x_1,t), u(x_2,t), \dots)^{\mathrm{T}}$ で表します（T は転置）．すると，方程式(3.16)は

$$\frac{d\boldsymbol{u}(t)}{dt} = -6\boldsymbol{u}(t) \circ D^{(1)}\boldsymbol{u}(t) - D^{(3)}\boldsymbol{u}(t) \tag{3.19}$$

と表されます．ここで，○はベクトルの成分どうしの掛け算を表す記号（アダマール積）です．$D^{(1)}$ と $D^{(3)}$ は，それぞれ 1 階と 3 階の微分演算子の行列表現を表し

ます. 2 次精度の中心差分公式における $D^{(1)}$ の表現は, 式(3.11)で与えられます. 同様に, $D^{(3)}$ にも 2 次精度の中心差分公式を適用すると, その具体的な表現は

$$
D^{(3)} = \frac{1}{2h^3}
\begin{pmatrix}
0 & -2 & 1 & 0 & \cdots & 0 & -1 & 2 \\
2 & 0 & -2 & 1 & \ddots & & 0 & -1 \\
-1 & 2 & 0 & -2 & \ddots & \ddots & & 0 \\
0 & -1 & 2 & 0 & \ddots & \ddots & \ddots & \vdots \\
\vdots & \ddots & \ddots & \ddots & \ddots & \ddots & \ddots & 0 \\
0 & & \ddots & \ddots & \ddots & \ddots & \ddots & 1 \\
1 & 0 & & \ddots & \ddots & \ddots & \ddots & -2 \\
-2 & 1 & 0 & \cdots & 0 & -1 & 2 & 0
\end{pmatrix}
\tag{3.20}
$$

となります➡表3.1. 方程式(3.19)は変数 t に関する常微分方程式なので, 2.2 節の方法を使って解くことができます.

　まずは, 差分を表す行列 $D^{(1)}$, $D^{(3)}$ を作ります. この部分はほかの例題でも使い回せるように単独のファイルに書き, 今回は使わない 2 階微分 $D^{(2)}$ も含めて実装しておきます. 以下にコードを示します.

プログラム 3.1 differential.py

```
 1: import numpy as np
 2: from scipy.sparse import csr_matrix as sparse_matrix  # 疎行列クラス
 3:
 4: # 微分を表す行列を生成する関数
 5: # input:
 6: #    nx : 座標点の数
 7: #    dx : 座標の間隔
 8: # return:
 9: #    D1, D2, D3 : 1階微分, 2階微分, 3階微分
10: def make_differential_ops(nx, dx):
11:     # 単位行列Iを右にn個シフトした行列（ベクトルfのi成分をf_{i+n}にする）
12:     f0 = np.identity(nx, dtype=int)  # f_{i}
13:     f1 = np.roll(f0, 1, axis=1)  # f_{i+1} ❶
14:     f2 = np.roll(f0, 2, axis=1)  # f_{i+2}
15:     f_1 = f1.transpose()  # f_{i-1}
16:     f_2 = f2.transpose()  # f_{i-2}
17:
18:     # D1 : (f_{i+1} - f_{i-1}) / (2 dx)
19:     deriv1 = sparse_matrix(f1 - f_1) / (2*dx)
20:
21:     # D2 : (f_{i+1} - 2f_{i} + f_{i-1}) / (dx^2)
22:     deriv2 = sparse_matrix(f1 - 2*f0 + f_1) / dx**2
23:
24:     # D3 : (f_{i+2} - 2f_{i+1} + 2f_{i-1} - f_{i-2}) / (2 dx^3)
25:     deriv3 = sparse_matrix(f2 - 2*f1 + 2*f_1 - f_2) / (2*dx**3)
26:
```

```
27:     return deriv1, deriv2, deriv3
```

解説

　行列 $D^{(1)}$, $D^{(2)}$, $D^{(3)}$ は規則的なものなので，単位行列（np.identity 関数で生成）から基本的な操作を組み合わせることで，for 文を使わずに書けます．❶ここでは，np.roll 関数を使って単位行列を右に 1 つまたは 2 つずらした行列を作り，それらの線形結合で目的の行列を作っています．np.roll 関数で右にはみ出した要素は左側に移動します．これは周期境界条件に対応します．

　行列 $D^{(1)}$, $D^{(2)}$, $D^{(3)}$ は疎行列なので，疎行列モジュール scipy.sparse を利用します➲3.2節．疎行列クラスとしていくつか選択肢がありますが，ここでは右からベクトルを掛ける演算が中心なので，csr_matrix クラス（行優先形式）を使用しています．

　次に，KdV 方程式を解くプログラムに進みます．x の範囲を $[0, x_{max}]$ として，初期条件を $u(x,0) = \sin(2\pi x/x_{max})$ とします．実際のパラメータは $x_{max} = 100$（変数 x_max）を使用し，分割数を nx=1000 とします．時刻 0 から t_max=10 までの時間発展を計算し，nt=101 個の時刻における $u(x,t)$ のデータを取得してファイルに保存します．

プログラム 3.2 kdv_solve_ivp.py

```
 1: import numpy as np
 2: from scipy.integrate import solve_ivp
 3: from differential import make_differential_ops
          # differential.pyから関数をインポート
 4:
 5: # KdV方程式 u_{t} = -6 u u_{x} - u_{xxx}
 6: def f_kdv(t, u, df1, df3):
 7:     u_x = df1 @ u  # 行列-ベクトル積
 8:     u_xxx = df3 @ u # 行列-ベクトル積
 9:     return -6 * u * u_x - u_xxx # u*u_x は成分ごとの掛け算
10:
11: def solve_kdv(x, u0, t_range, nt):
12:     nx = x.size
13:     dx = x[1] - x[0]
14:     print("dx =", dx)
15:
16:     # 微分を表す行列
17:     op_df1, _, op_df3 = make_differential_ops(nx, dx)  # ❶
18:     assert op_df1.shape == op_df3.shape == (nx, nx)  # 配列のshapeを確認
19:
20:     print("Solving equation...")
21:     sol = solve_ivp(f_kdv, t_range, u0, dense_output=True, args=(op_df1, op_df3),
               rtol=1e-8)  # ❷
22:     print(sol.message)
23:     print(" Number of time steps :", sol.t.size)  # 時間ステップ数
```

```
24:        print(" Minimum time step    :", np.diff(sol.t).min())  # 最小時間刻み
25:        print(" Maximum time step    :", np.diff(sol.t).max())  # 最大時間刻み
26:
27:        # 動画作成用のu(t, x)を取得（dense output）
28:        t_min, t_max = t_range
29:        t = np.linspace(t_min, t_max, nt)
30:        dt = t[1] - t[0]
31:        print("dt =", dt)
32:
33:        u_xt = sol.sol(t)  # u(x, t)を取得 ❸
34:        assert u_xt.shape == (nx, nt)  # 配列のshapeを確認
35:        u_tx = u_xt.T  # 転置をとってu(t, x)に変換
36:        assert u_tx.shape == (nt, nx)  # 配列のshapeを確認
37:        print("shape of u(t, x) :", u_tx.shape)
38:
39:        # 結果をファイルに保存
40:        np.savez("kdv_solve_ivp", x=x, t=t, u_tx=u_tx)  # ❹
41:
42: def main():
43:        # x座標の離散化
44:        nx = 1000
45:        x_max = 100.0
46:        x = np.linspace(0, x_max, nx, endpoint=False)  # 周期境界 ❺
47:
48:        u0 = np.sin(x * (2 * np.pi / x_max))  # 初期条件 u_0(x) ❻
49:        assert u0.shape == (nx,)  # 配列のshapeを確認
50:
51:        nt = 101  # 時刻tの数（動画作成用）
52:        t_max = 10.0  # 最終時刻
53:
54:        solve_kdv(x=x, u0=u0, t_range=(0, t_max), nt=nt)
55:
56: if __name__ == '__main__':
57:        main()
```

解説

import 文（3 行目）　先ほど作成した差分行列の生成関数 make_differential_ops を使用するためにインポートします．この文は，「ファイル differential.py で定義されている関数 make_differential_ops を使用します」という意味です．ファイル differential.py は，kdv_solve_ivp.py と同じディレクトリ（フォルダ）においておく必要があります．

f_kdv 関数（5～9 行目）　ベクトル $u(t)$ を受け取って，空間座標を離散化した KdV 方程式(3.19)の右辺を返します．引数 t は関数内では使用しませんが，ソルバーの仕様にあわせるために必要です．df1 と df3 は，make_differential_ops 関数で作った微分行列 $D^{(1)}$，$D^{(3)}$ を受け取ることを想定しています．

　この関数はソルバーの中で繰り返し呼び出されるため，計算時間にもっとも影響

する部分です．一般的に，行列－ベクトル積の計算量は $\mathcal{O}(N^2)$ です．しかし，今回扱っている $D^{(n)}$ のような疎行列の場合には，ゼロを掛ける演算を除いた実際の計算量は $\mathcal{O}(N)$ です．疎行列クラスを使うことで，行列－ベクトル積を用いたシンプルな表現と高速な計算が両立できます．

solve_kdv 関数（11～40 行目）　与えられた初期条件のもとで KdV 方程式を解きます．❶左辺のアンダースコア（_）は，関数の戻り値を使用しないという意思表示です◉A.5節．❷scipy.integrate モジュールの solve_ivp 関数◉p.22 を使って $u(t)$ の時間発展を計算します．args 引数に与えた op_df1, op_df3 は，そのまま f_kdv 関数の df1, df3 に渡します．引数 rtol=1e-8 で相対誤差を指定して精度を上げています．この例題の場合，デフォルトの精度では十分ではありません．失敗例も最後に示します．

❸アニメーション作成用に，時間が等間隔に区切られた結果を取得します．solve_ivp 関数が返すオブジェクト sol に対して，sol メソッドを呼び出すと，指定した時刻における関数 $u(x, t)$ を得ることができます．❹結果をファイルに保存します．今回の計算は一瞬では終わらないので，データをいったんファイルに保存しておいて，グラフ作成は別のスクリプトで行います．こうして計算とグラフ作成を切り離しておけば，グラフの調整を簡単に行うことができます．今回は，保存したデータを再び Python で使用するので，np.savez 関数を使用して，バイナリ形式で完全なデータを保存します◉B.6節．

main 関数（42～54 行目）　初期条件などを設定し，solve_kdv 関数を呼び出します．❺x 座標の離散点の作成には np.linspace 関数を使うと便利です．endpoint=False は最後の点 x_max を含めないという意味です．周期境界条件から $u(x_{\max}, t) = u(0, t)$ なので，$x = x_{\max}$ を除いています．❻np.sin 関数はベクトル化されているので，引数に 1 次元配列 x を渡すと，要素ごとに評価された結果が 1 次元配列として得られます◉1.2.4項．

実行結果は以下のとおりです．計算は 10 秒以内に終わります．

実行結果

```
dx = 0.1
Solving equation...
The solver successfully reached the end of the integration interval.
 Number of time steps : 24471
 Minimum time step    : 0.0002880236208611109
 Maximum time step    : 0.03763835219541923
dt = 0.1
shape of u(t, x) : (101, 1000)
```

時間のステップ数は約 2.5 万回，刻み幅は 10^{-4} から 10^{-2} と 2 桁の範囲で変化していることがわかります．

◆──実装：アニメーション作成

時間発展のデータから，アニメーションを作成します．ここでは，Matplotlib の `matplotlib.animation` モジュール◉C.5節に含まれる `ArtistAnimation` クラスを使ってアニメーションを作成します．ほかにも，`FuncAnimation` クラスを使用する方法もあります．以下にスクリプトを示します．

プログラム 3.3 kdv_anim_artist.py

```python
 1: import numpy as np
 2: import matplotlib.pyplot as plt
 3: import matplotlib.animation as animation
 4:
 5: def save_animation(x, t, u_tx, ymin, ymax, filename):
 6:     fig, ax = plt.subplots()  # オブジェクト指向インターフェース
 7:
 8:     # すべてのグラフに共通の設定
 9:     ax.set_xlabel(r"$x$")  # LaTeX記法
10:     ax.set_ylabel(r"$u(x)$")
11:     ax.set_ylim(ymin, ymax)
12:
13:     artists = []  # 全時刻のグラフを保存するリスト
14:     for i in range(t.size):
15:         # i番目のグラフを作成
16:         artist = ax.plot(x, u_tx[i, :], '-b')  # ❶
17:         artist += [ax.text(0.05, 1.05, f"t = {t[i]:.2f}",
                   transform=ax.transAxes)]  # ❷
18:         artists.append(artist)
19:
20:     # アニメーションを作成
21:     anim = animation.ArtistAnimation(fig, artists, interval=100, repeat=False)
              # ❸
22:
23:     # ファイルに保存
24:     anim.save(filename, writer="pillow")
                # writer="pillow" or "imagemagick" for GIF
25:     print(f"saved as '{filename}'")
26:
27: def main():
28:     # データをファイルから読み込む
29:     npz = np.load("kdv_solve_ivp.npz")  # ❹
30:     print("npz.files =", npz.files)
31:
32:     x = npz['x']
33:     t = npz['t']
34:     u_tx = npz['u_tx']
35:     print("x.shape =", x.shape)
36:     print("t.shape =", t.shape)
37:     print("u_tx.shape =", u_tx.shape)
38:
39:     print("Making animation...")
```

```
40:        save_animation(x, t, u_tx, ymin=-1.5, ymax=3.0, filename="kdv_solve_ivp.gif")
41:
42: if __name__ == '__main__':
43:        main()
```

解説

save_animation 関数（5〜25 行目）　ArtistAnimation クラスを使用する場合には，
アニメーションの全フレームのグラフをリストに格納し，そのリストから動画を作
成します．まずは通常のグラフ作成と同じように，fig.subplots() 関数を使って
Figure オブジェクトと Axes オブジェクトを生成します（6 行目）．これらのオブ
ジェクトは，すべてのグラフの作成に使用します．グラフを作成する前に，全グラ
フに共通の設定（ラベルや軸の範囲など）をしておきます（9〜11 行目）．

　次に，時刻 t に関する for ループを回し，このブロック内でグラフを作成しま
す．❶ax.plot() でグラフを作成して，その戻り値を artist 変数として保持しま
す．artist は，グラフの構成要素（Artist とよぶ）をリスト形式でもっていま
す．❷ax.text() で時刻 t の値をテキストとして描画し，その戻り値を先ほど取
得したリスト artist に追加します．この際，ax.text() 全体を [] で囲んでいる
のは，ax.text() の戻り値を要素数 1 のリストにするためです．ax.plot() の戻
り値は複数の Artist オブジェクトのリスト，一方，ax.text() の戻り値は 1 つ
の Artist オブジェクトという違いがあります．こうして作られた artist リスト
は，グラフのすべての構成要素（Artist オブジェクト）を保持します．最後に，
artist を for ループの外で定義したリスト artists に追加します．

　以上により，作成したすべてのグラフは artists リストが保持しています．
❸これを ArtistAnimation クラスに渡すことで，アニメーションを作成できます．
interval は 1 フレームごとの時間（ミリ秒）です．interval を大きくすると，ア
ニメーションが遅くなります．アニメーションをファイルに保存するには，save
メソッドを呼び出します（24 行目）．GIF アニメーションの場合は，writer 引
数に "pillow" または "imagemagick" を指定します．後者を利用するには，Im-
ageMagick ライブラリのインストールが必要です．

main 関数（27〜40 行目）　❹np.savez 関数で保存したデータを np.load 関数で読み
込みます➥B.6節．読み込んだ NumPy 配列にアクセスするには，保存時に指定した
キーを使って，辞書型変数の形式で記述します（32〜34 行目）．

このスクリプトを実行した際の標準出力は，以下のとおりです．

実行結果

```
npz.files = ['x', 't', 'u_tx']
x.shape = (1000,)
t.shape = (101,)
u_tx.shape = (101, 1000)
```

```
Making animation...
saved as 'kdv_solve_ivp.gif'
```

　図 3.5 は，作成された GIF アニメーションのスナップショットです．初期条件 $t = 0$ における正弦波が，非線形項の突っ立ち効果により右に傾き（$t = 2.4$），波形が垂直（傾きが発散）になるといくつものピークに分かれ（$t = 3.0$），それらが個別に進行していく（$t = 5.6$）様子がわかります．これら一つひとつのピークをソリトンとよびます．

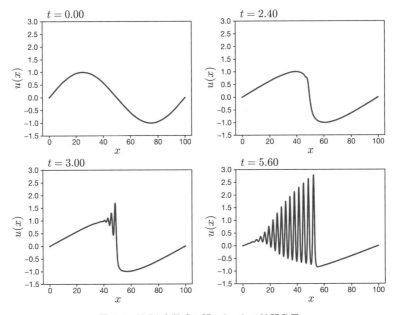

図 3.5　KdV 方程式の解 $u(x, t)$ の時間発展

　実際には，これらのピークをソリトンとよぶためには，ソリトンが衝突の前後で形を保つことを確認する必要があります．KdV 方程式は非線形方程式なので，解の重ね合わせは成り立ちません．衝突により 2 つのソリトンは複雑に合成され，元の波形はなくなります．しかし，それらが互いに離れると，また元の波形に戻ります．ソリトンの合成は通常の波の合成とはまったく異なります．この様子は，ぜひ一度自分で確認してみてください．

　課題 3.1　次の関数は，形を変えずに進む波（進行波）を表します．

$$u_1(x; x_0, \lambda) = \frac{\lambda}{2 \cosh^2\left[\dfrac{\sqrt{\lambda}}{2}(x - x_0)\right]} \tag{3.21}$$

ここで，x_0 と λ は任意の実数です．これを 1 ソリトン解とよびます．数値計算により，この関数が形を変えずに進むことを確認しましょう．また，λ の値を変えてソリトンの速度がどう変わるかを調べましょう．

課題 3.2　1 ソリトン解を 2 つ足し合わせることで，近似的に 2 ソリトン解を作ることができます．

$$u_2(x; x_0, \lambda, x_0', \lambda') = u_1(x; x_0, \lambda) + u_1(x; x_0', \lambda') \tag{3.22}$$

ただし，パラメータ x_0，λ，x_0'，λ' の値は，2 つのソリトンが重ならないように選びます．これを初期条件として数値計算を実行し，2 つのソリトンの衝突の様子を観測しましょう．

◆——失敗例

最後に，失敗例を紹介してこの節を括ります．KdV 方程式は 3 階微分を含むので，時間発展の計算が非常に不安定です．式(3.15)より，安定の条件は

$$\frac{\Delta t}{(\Delta x)^3} \lesssim 1 \tag{3.23}$$

で与えられます[注3]．本節の例では $\Delta x = 10^{-1}$ なので，$\Delta t \lesssim 10^{-3}$ が目安です．

実際には，SciPy のライブラリには適応刻み幅制御●2.2節 が実装されているので，Δt を直接指定しません．指定した精度が達成されるように，内部で Δt が調整されます．この場合，精度を高めに指定しておかないと不安定性の影響が出ます．本節の例では相対誤差 rtol=1e-8 を指定しましたが，デフォルト値 rtol=1e-3 のまま計算をすると，**図 3.6** のように，図 3.5 と比べて明らかにおかしな結果となります．ただし，適応刻み幅制御によって，発散はせずにもちこたえています．

不安定性の影響を抑えるために，別のアルゴリズムを試すことも有効な手段です．一般に，陽解法よりも陰解法のほうが安定です．実際，陰解法（method='Radau'）ではデフォルトの精度 rtol=1e-3 のままでも正しい解が得られました．ただし，計算時間が 10 倍以上かかってしまいました．この例では，陰解法を使用するよりも，陽解法で精度を高めに指定するほうが効率がよさそうです．

注3　厳密には，式(3.15)は線形方程式における解の安定性を表します．KdV 方程式は非線形方程式なので適用外ですが，本質は捉えています．

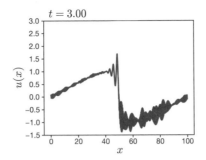

図 3.6 精度を上げずに計算して得られた KdV 方程式の時間発展の例

3.5 | 例題 時間依存シュレディンガー方程式

量子力学の基礎方程式である**時間に依存したシュレディンガー方程式**（**time-dependent Schrödinger equation**）も，偏微分方程式です．

$$i\hbar \frac{\partial}{\partial t}\psi(x, t) = \left[-\frac{\hbar^2}{2m}\frac{\partial^2}{\partial x^2} + V(x) \right]\psi(x, t) \qquad (3.24)$$

m は粒子の質量，$V(x)$ はポテンシャル，$\hbar$ はプランク定数 h から $\hbar \equiv h/2\pi$ で定義される量です．虚数単位 i がついている点が，拡散方程式(3.1)との大きな違いです．そのため，波動関数 $\psi(x, t)$ は複素数です．

量子力学の講義や演習では，波動関数の時間発展を追うことはあまりしないので，数値計算を使って可視化してみましょう．本節では，ポテンシャル障壁による波束の反射と透過を取り上げます．

◆──無次元化

「さっそくプログラミングしよう」と始める前にいったん落ち着いて，**無次元化**の作業を必ず行います．数値計算をする際には，無次元化の習慣をつけてください．物理系の方程式では，各変数や係数が次元をもっています．ここでいう「次元」とは，x なら長さ，E ならエネルギーのように異なる単位で表される量を指します．コンピュータで扱う数値はただの数なので，「1」が何を表すのかを明確にしなければなりません．また，たとえば，$\hbar \approx 1.05 \times 10^{-34}$ J·s のような極端に小さい数値をプログラム内でそのまま使用してしまうと，ライブラリの収束判定が正確に動作しないといった問題が生じる可能性があります．これを避けるために，基準となる

量を決めて、その量で変数や係数を割って、極端に桁が大きい・小さい数値が現れないようにしておきます。これを無次元化とよびます。実際の物理系と対応づけたいときには、数値結果が得られたあとで、基準量を掛けて次元を戻します。

方程式(3.24)に現れる時刻 t と座標 x の基準量としてそれぞれ T と X を導入し、変数 t, x を無次元量 t/T, x/X で置き換えます。すると、次の無次元化されたシュレディンガー方程式が得られます。

$$\frac{\partial}{\partial t}\psi(x,t) = -i\left[-\frac{1}{2}\frac{\partial^2}{\partial x^2} + v(x)\right]\psi(x,t) \tag{3.25}$$

ここで、$v(x)$ は無次元化されたポテンシャル $v(x) \equiv V(x)/(\hbar/T)$ であり、さらに、方程式の係数として現れる次の無次元量を 1 とおきました。

$$\frac{\hbar T}{mX^2} = 1 \tag{3.26}$$

この関係により、T と X のどちらか一方を与えるともう一方が決まります。

シュレディンガー方程式における尺度を見積もってみます。たとえば、電子を考え、質量を $m = 9.1 \times 10^{-31}$ kg とします。長さの基準量 X として、固体結晶の格子定数のスケール $X = 10^{-9}$ m = 1 nm（nm はナノメートル）を採用すると、式(3.26)より、時間の基準量は $T \approx 8.6 \times 10^{-15}$ s = 8.6 fs（fs はフェムト秒）、ポテンシャルエネルギーの基準量は $\hbar/T \approx 1.2 \times 10^{-18}$ J ≈ 7.6 eV（eV は電子ボルト）と見積もられます。つまり、ナノメートル、フェムト秒、電子ボルトが量子力学的な効果の現れるスケールということがわかります。

◆——問題設定

本節では、次のような幅 L、高さ v_0 のポテンシャル障壁を考えます。

$$v(x) = \begin{cases} v_0 & (-L/2 < x < L/2) \\ 0 & (x < -L/2, \ x > L/2) \end{cases} \tag{3.27}$$

平面波 $\psi(x) \propto e^{ikx}$ がポテンシャル障壁に侵入した際の反射波・透過波の計算は、量子力学の演習問題の定番です。ここでは、その様子を可視化するために、平面波ではなく空間的に局在した波束の侵入を考えます。初期条件 $\psi(x,0) = \psi_0(x)$ として、次の関数を考えます。

$$\psi_0(x) \propto \exp\left[ikx - \frac{1}{2}\left(\frac{x - x_0}{\Delta}\right)^2\right] \tag{3.28}$$

ここで，k は無次元化した波数，x_0 は波束の中心位置，Δ は波束の幅です．

量子力学の講義や演習で学ぶ平面波の場合の反射波・透過波の解から，波束の運動のおおよその振る舞いは予想できます．平面波のエネルギー $\epsilon(k) = k^2/2$ がポテンシャルの高さ v_0 よりも大きい場合には，透過確率が大きいですが，反射もされます．逆に，$\epsilon(k) < v_0$ の場合には，ほとんどの確率で反射されますが，トンネル効果により透過する確率も残ります．以上を踏まえて，数値計算で波束の反射・透過を見てみます．

◆──**実装**

まずは問題設定を限定せずに，1 次元配列として表された座標 x（変数 x_array），初期条件 $\psi_0(x)$（u0），ポテンシャル $v(x)$（v）を受け取って，シュレディンガー方程式を解く一般的な関数 solve_schr を作ります．引数として時刻の配列 t_array を受け取って，その時刻における波動関数 $\psi(x,t)$ の結果をファイルに保存するようにします．波動関数 $\psi(x,t)$ が複素数である点に注意します．

プログラム 3.4 schr.py

```
 1: import numpy as np
 2: from scipy.integrate import solve_ivp
 3: from differential import make_differential_ops
             # differential.pyから関数をインポート
 4:
 5: # シュレディンガー方程式
 6: # u_{t} = -i [ -(1/2) u_{xx} + v u ]
 7: def func_schr(t, u, df2, v):
 8:     return -1.0j * (-0.5 * (df2 @ u) + v * u)  # ❶
 9:
10: # 1次元シュレディンガー方程式を解く関数
11: def solve_schr(x_array, t_array, u0, v, basename='schr'):
12:     assert x_array.size == u0.size == v.size  # データサイズを確認 ❷
13:     assert u0.dtype == complex  # データ型を確認
14:
15:     print("Solve Schroedinger equation")
16:     print("x: (min, max, n) =", (x_array[0], x_array[-1], x_array.size))
17:     print("t: (min, max, n) =", (t_array[0], t_array[-1], t_array.size))
18:
19:     dx = x_array[1] - x_array[0]
20:     print(f"dx = {dx:.8g}")
21:     _, op_df2, _ = make_differential_ops(x_array.size, dx)  # 差分行列D^2
22:
23:     # 方程式を解く
```

```
24:        t_span = (t_array[0], t_array[-1])
25:        args = (op_df2, v)
26:        sol = solve_ivp(func_schr, t_span, u0, dense_output=True, args=args,
                   rtol=1e-8)  # ❸
27:        print(sol.message)
28:        print(" Number of time steps :", sol.t.size)  # 時間ステップ数
29:        print(" Minimum time step     :", np.diff(sol.t).min())  # 最小時間刻み
30:        print(" Maximum time step     :", np.diff(sol.t).max())  # 最大時間刻み
31:
32:        # 結果を取得 (dense output)
33:        u_xt = sol.sol(t_array)  # u(x, t)
34:        u_tx = u_xt.T  # u(t, x)
35:        assert u_tx.shape == (t_array.size, x_array.size)
36:
37:        # 結果をファイルに保存
38:        np.savez(basename, x=x_array, t=t_array, u_tx=u_tx, v=v)
39:        print(f"Saved into '{basename}.npz'")
```

解説

func_schr 関数（5〜8 行目） 無次元化されたシュレディンガー方程式 (3.25) の右辺を計算します. ❶$\partial^2 \psi(x,t)/\partial x^2$ は行列 − ベクトル積 $D^{(2)}\psi$ で表され, $v(x)\psi(x,t)$ はベクトルの成分ごとの積 $v \circ \psi$ になります. 行列 − ベクトル積には記号 @, ベクトルの成分ごとの積には記号 * を使う点に注意します.

solve_schr 関数（10〜39 行目） この関数は, 外部で作られた $\psi_0(x)$ や $v(x)$ を引数として受け取ります. ❷この関数に与えられた配列が正しく設定されているかを assert 文を使って確認するようにしています➲A.9節.

それ以降は, KdV 方程式のコード➲3.4節とほとんど同じです. ❸solve_ivp 関数の第 1 引数に与える関数が, 先に定義した func_schr に置き換わっている点が異なりますが, rtol パラメータにより精度を上げておく点は同じです. KdV 方程式の場合と同じように, 結果はいったんファイルに保存します.

さて, 実際に問題を解くには, 別のスクリプトでポテンシャル $v(x)$ や初期条件 $\psi_0(x)$ を設定して, 関数 solve_schr を呼び出します. $v(x)$ には式 (3.27) のポテンシャル障壁を使い, $v_0 = 10$（変数 v_height）を固定して, 幅 L（width）を変化させて結果の変化を調べます. $\psi_0(x)$ は, 式 (3.28) の波束において, パラメータを $k = 4$, $x_0 = -20$, $\Delta = 4$（それぞれ変数 k, x0, delta）とします. 座標 x は x_min=-50 から x_max=50 までを nx=1000 分割し, 周期境界条件を課します. 時刻 0 から t_max=16 までの時間発展を計算し, n_t=81 個の時刻におけるデータを取得します.

プログラム 3.5 schr_wall.py

```python
 1: import numpy as np
 2: from schr import solve_schr  # schr.pyから関数solve_schrをインポート
 3:
 4: # x座標
 5: x_min, x_max = -50.0, 50.0
 6: nx = 1000
 7: x = np.linspace(x_min, x_max, nx, endpoint=False)
 8:
 9: # 初期条件
10: k = 4
11: x0 = -20.0
12: delta = 4.0
13: u0 = np.exp(1.0j * k * x - 0.5 * ((x-x0) / delta)**2)  # ❶
14: dx = x[1] - x[0]
15: integ = np.sum(np.absolute(u0)**2) * dx  # 積分 ❷
16: u0 /= np.sqrt(integ)  # 規格化
17: assert u0.shape == (nx,)  # u0が想定どおりのshapeになっているか確認
18:
19: # ポテンシャル
20: v_height = 10.0
21: width = 1.0
22: v = np.where(np.abs(x)<width, v_height, 0)  # ❸
23: assert v.shape == (nx,)  # vが想定どおりのshapeになっているか確認
24:
25: # 時刻tの配列（動画作成用）
26: t_max = 16.0
27: nt = 81
28: t = np.linspace(0, t_max, nt)
29:
30: # solve equation
31: solve_schr(x, t, u0, v, basename='schr')
```

解説

❶式 (3.28) で与えられる初期条件 $\psi_0(x)$ をもつ 1 次元配列 u0 を生成します．x が 1 次元配列なので，得られる結果 u0 も 1 次元配列です．NumPy のブロードキャストのルールや np.exp 関数のベクトル化の恩恵で，このように，ほぼ数式のままプログラムを書くことができて非常に直感的です❍1.2.4項．

❷波動関数 $\psi_0(x)$ を規格化するために，確率密度 $|\psi_0(x)|^2$ の積分を評価します．これには np.sum 関数が利用できます．

❸式 (3.27) で定義されるポテンシャル $v(x)$ を表す 1 次元配列 v を生成します．この場合分けには，np.where 関数が便利です❍B.2節．x が 1 次元配列なので，np.abs(x)<width の結果は，True または False を成分としてもつ 1 次元配列です．この配列の True の成分には v_height が，False の成分には 0 が代入された 1 次元配列が，np.where 関数の戻り値になります．

このスクリプトの実行結果は以下のとおりです．実行時間は数秒程度です．

実行結果

```
Solve Schroedinger equation
x: (min, max, n) = (-50.0, 49.900000000000006, 1000)
t: (min, max, n) = (0.0, 16.0, 81)
dx = 0.1
The solver successfully reached the end of the integration interval.
Number of time steps : 2581
Minimum time step    : 0.0006290050849244722
Maximum time step    : 0.040283110197677906
Saved into 'schr.npz'
```

安定の条件は，式(3.15)より，$\Delta t/(\Delta x)^2 \lesssim 1$ です．よって，空間の離散化 $\Delta x = 0.1$ に対して，必要な時間の刻み幅 Δt の目安は $\Delta t \lesssim 0.01$ となります．Δt の最大値は，この程度まで大きくとられています．一方，最小値はそれより2桁小さく，およそ 10^{-4} です．ポテンシャルが不連続に変化しているので，ポテンシャル境界における波動関数の変化を表すのに細かい時間刻みが必要であるためと考えられます．

◆——実装：静止画像の作成

次に，結果が保存された npz ファイルからデータを読み込んで図を作成します．ここではアニメーションではなく，連番の静止画像を出力するコードを示します．

プログラム 3.6 schr_plot.py

```python
 1: import numpy as np
 2: import matplotlib.pyplot as plt
 3:
 4: def save_figures(x, t, rho_tx, v, xlim, ylim, basename):
 5:     for i in range(t.size):  # すべての時刻tにおける図を作成
 6:         fig, ax = plt.subplots(figsize=(6, 3), constrained_layout=True)
 7:         ax.set_xlabel(r"$x$")
 8:         ax.set_ylabel(r"$|\psi(x)|^2$")
 9:         ax.set_xlim(xlim)
10:         ax.set_ylim(ylim)
11:         ax.plot(x, rho_tx[i, :], '-b', lw=1, zorder=4)  # 確率密度
12:         ax.fill_between(x, rho_tx[i, :], color="lightblue", alpha=0.5, zorder=3)
                                # ❶
13:         ax.plot(x, v, color='k', lw=1, zorder=2)  # ポテンシャル
14:         ax.fill_between(x, v, color="lightgray", alpha=0.5, zorder=1)
15:         ax.text(0.05, 1.05, f"t = {t[i]:.2f}", transform=ax.transAxes)
16:         fig.savefig(f"{basename}_{i:03}.pdf")  # ファイル名 ~_001.pdf
17:         plt.close()  # キャッシュをクリア
18:
19: def main():
20:     basename = 'schr'
21:     npz = np.load(basename + ".npz")  # npzファイルからデータを読み込む
```

```
22:        print("npz.files =", npz.files)
23:
24:        x, t, v = npz['x'], npz['t'], npz['v']
25:        u_tx = npz['u_tx']
26:        rho = np.absolute(u_tx)**2  # 確率密度
27:        print("x.shape =", x.shape)
28:        print("t.shape =", t.shape)
29:        print("u_tx.shape =", u_tx.shape)
30:
31:        # グラフを作成
32:        print("Making figures...")
33:        save_figures(x, t, rho, v, xlim=(-30, 30), ylim=(0, 0.4), basename=basename)
34:
35: if __name__ == '__main__':
36:        main()
```

解説

　ax.plot() で線を描き，ax.fill_between() で中を塗りつぶしています（11〜14 行目）．❶オプション alpha=0.5 により確率密度を半透明に描き，ポテンシャル障壁が背後に透けて見えるように工夫しました．線や塗りつぶしの順番は zorder オプションを使って指定します（大きいものが上に描かれる）．

　解の振る舞いは，運動エネルギー $\epsilon(k) = k^2/2 = 8$ とポテンシャル障壁の大きさ v_0 の大小関係によって変わります．ここでは，$\epsilon(k) < v_0 = 10$ の場合に注目し，波動関数の時間発展を追います．この場合，古典的な運動であれば粒子は 100％ の確率で反射されます．**図 3.7**(a) は，確率密度 $\rho(x,t) = |\psi(x,t)|^2$ を 4 つの時刻 $t = 0$, 4, 5, 10 において図示したものです．波束がポテンシャル障壁にぶつかると，入射波と反射波の干渉のために，$\rho(x,t)$ に波長 $\lambda/2 = \pi/k \approx 0.79$ の振動が現れます．一方，ポテンシャル障壁の内部では，$\epsilon(k) < v_0$ であるため，$\rho(x,t)$ は指数関数的に減衰します．結局，$\rho(x,t)$ は完全に反射され，$t = 10$ において，初期位置 $x = x_0$ に戻ってきます．

　次に，ポテンシャル障壁の高さ v_0 はそのままで，幅 L を狭くします．図 3.7(b) は $L = 0.2$ の結果です．この場合，$\rho(x,t)$ がポテンシャル障壁内で完全に減衰する前に右端に到達するため，一部の波動関数はポテンシャルの右側に抜け出します．結果的に，ポテンシャル障壁によって，反射される波束と透過する波束に分裂します．確率密度 $\rho(x,t)$ 全体で 1 つの粒子の存在確率を表すので，左のピークに粒子が観測されれば反射，右のピークに観測されれば透過したことになります．これは，粒子が運動エネルギーよりも大きなポテンシャル障壁を一定の確率で通り抜ける量子力

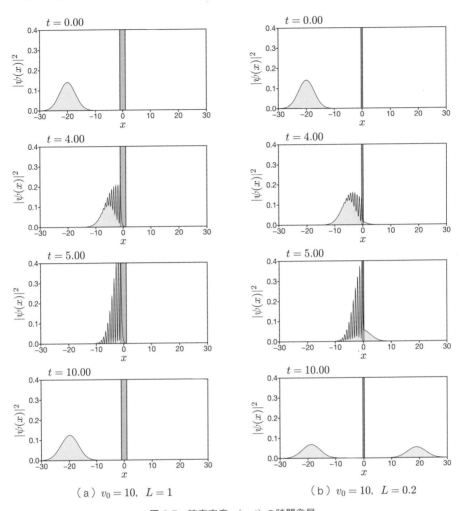

（a）$v_0 = 10$, $L = 1$　　　　（b）$v_0 = 10$, $L = 0.2$

図 3.7　確率密度 $\rho(x, t)$ の時間発展

学的な**トンネル効果**を表しています.

課題 3.3　波束の透過確率 T を計算してみましょう. 透過確率は $T = \int_{L/2}^{\infty} \rho(x, t) dx$ で定義されます. ただし, 時刻 t は波束がポテンシャル障壁から十分離れたあとの時刻を選びます. $\rho(x, t)$ を数値積分することで T を評価できます.

課題 3.4　透過確率 T を, ポテンシャル障壁の幅 L （または高さ v_0）の関数として図示してみましょう. 平面波の場合の解析解と一致するでしょうか.

3.6 | **解法** 境界値問題

　ここまでは，初期値問題を考えてきました．次に，偏微分方程式のもう1つの問題設定である境界値問題を考えます．具体例として，ポアソン方程式(3.2)を取り上げます．ラプラシアン ∇^2 を使って空間次元に依存しない形で表すと，次のように書けます．

$$\nabla^2 u(\boldsymbol{r}) = \rho(\boldsymbol{r}) \tag{3.29}$$

式(3.29)の右辺の $\rho(\boldsymbol{r})$ は空間の全領域で既知とし，左辺の $u(\boldsymbol{r})$ は境界上でのみ与えられているとします（図3.1(b)）．境界領域を B として，$u(\boldsymbol{r})$ に対する境界条件を

$$u(\boldsymbol{r}) = u_0(\boldsymbol{r}) \quad (\boldsymbol{r} \in \mathrm{B}) \tag{3.30}$$

と表します．このとき，$\boldsymbol{r} \notin \mathrm{B}$ における $u(\boldsymbol{r})$ を求めるのが境界値問題です．

　偏微分方程式(3.29)を解くには，差分法❂3.2節を適用するのがもっとも簡単です．空間を等間隔のグリッドで区切り，座標ベクトル $\boldsymbol{r}$ を N 個の離散点 $\{\boldsymbol{r}_i\}$ で置き換えます．これにより，関数 $u(\boldsymbol{r})$ は $u(\boldsymbol{r}_i) \equiv u_i$ をまとめたベクトル $\boldsymbol{u} \equiv (u_0, u_1, \ldots, u_{N-1})^{\mathrm{T}}$ で表されます（T は転置）．関数 $\rho(\boldsymbol{r})$ も同様にベクトル $\boldsymbol{\rho}$ になります．微分演算子 ∇^2 は $N \times N$ 行列 D として表されます．結局，方程式(3.29)は

$$D\boldsymbol{u} = \boldsymbol{\rho} \tag{3.31}$$

で表される N 成分連立方程式となります．空間が1次元の場合には，行列 D は式(3.12)で定義される行列 $D^{(2)}$ になります．2次元以上の場合は，x 微分や y 微分に対応した行列を $D^{(2)}$ から作り，それらを足し合わせることで D が構成できます．詳細は3.8節で解説します．

　式(3.31)は D^{-1} を両辺に作用させることで簡単に解けそうですが，それは正しくありません．境界条件(3.30)によって，ベクトル $\boldsymbol{u}$ の一部の成分の値が固定されているためです．つまり，式(3.31)の実際の未知変数の数は，境界領域 $\boldsymbol{r}_i \in \mathrm{B}$ にある座標点の数 n だけ方程式の次元 N よりも少なくなっています．

　境界条件を考慮するには，方程式(3.31)において，境界条件によって固定されている $\boldsymbol{u}$ の成分を左辺から右辺に移項します（**図3.8**(a)）．行列－ベクトル積 $D\boldsymbol{u}$ に含まれる和を，領域 B に関する部分 $j \in \mathrm{B}$ とそれ以外 $j \notin \mathrm{B}$ に分けると（簡単の

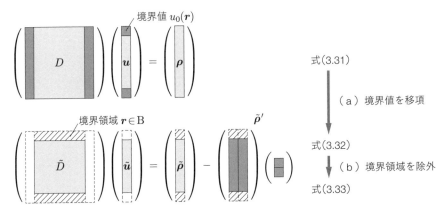

図 3.8　境界条件付き連立方程式の式変形の模式図

ため，$r_j \in \mathrm{B}$ や $r_j \notin \mathrm{B}$ の代わりに $j \in \mathrm{B}$ や $j \notin \mathrm{B}$ と記します），式(3.31)は

$$\sum_{j \notin \mathrm{B}} D_{ij} u_j = \rho_i - \sum_{j \in \mathrm{B}} D_{ij} u_j \tag{3.32}$$

と変形できます．この式は $N - n$ 個の未知変数 u_j（$j \notin \mathrm{B}$）に対して N 個の式を与えますが，実際には $i \in \mathrm{B}$ に対応する n 個の式は除かなければなりません．なぜなら，領域 $i \in \mathrm{B}$ では境界条件(3.30)から $u(r_i)$ の値が定まっているので，その微分も固定されているからです．そこで，行列 D およびベクトル u，ρ から境界領域を除いた部分（$i, j \notin \mathrm{B}$）を $\tilde{D}$，$\tilde{u}$，$\tilde{\rho}$ と表すと，領域 $i \notin \mathrm{B}$ で閉じた方程式として

$$\tilde{D}\tilde{u} = \tilde{\rho} - \tilde{\rho}' \tag{3.33}$$

が得られます（図(b)）．ここで，$\tilde{\rho}'$ は境界条件(3.30)によって定まる成分 u_j から $\tilde{\rho}_i' = \sum_{j \in \mathrm{B}} D_{ij} u_j$（$i \notin \mathrm{B}$）で計算されます．結局，$N$ 成分の連立方程式(3.31)は境界領域を除いた $N - n$ 成分の連立方程式(3.33)に置き換わり，境界条件の影響は $\tilde{\rho}$ への補正 $\tilde{\rho}'$ として考慮されます．

　差分法では等間隔の直交したグリッドを考えましたが，任意のグリッドを利用できる汎用的な方法として，**有限要素法**（**finite element method**）があります．発展的な内容も含むので本書では触れません．たとえば，文献[9]を参照してください．なお，有限要素法でも最終的に連立方程式の問題に帰着する点は差分法と同じです．

　いずれにしても，物理の方程式を解ける形の数式として表現する「物理の問題」と，その数式を数値的に解く「数学の問題」とを切り分けることが重要です．この

ことは、線形代数の場合にとくにいえます。線形代数に関連した問題（対角化や連立方程式など）は長い研究の歴史があり、それを解く数値計算ライブラリも充実しています。その財産を有効に活用するために、物理の問題を一般的な線形代数の問題に落とし込むことを意識し、その後の解法はライブラリに任せてしまうのがよいでしょう。

3.7 | **解法** 連立方程式

前節で、境界値問題を連立方程式へ帰着させる方法を説明しました。この節では、次の形の連立方程式を解く方法を解説します。

$$Ax = b \qquad (3.34)$$

ここで、A は $N \times N$ の正方行列、b は N 成分ベクトルです。A, b の要素は一般に複素数とします。式(3.34)の解は、行列 A の逆行列を用いれば

$$x = A^{-1}b \qquad (3.35)$$

と表すことができます。しかし、数値計算では A^{-1} を計算せずに x を求めるほうが高速かつ安全です。また、行列 A が大きい場合には、A^{-1} の計算が実行できません。この節では、逆行列を使わないで連立方程式(3.34)を解く方法を解説します。

◆──直接法

行列 A の全要素を保持できる場合には、**LU 分解**（**LU decomposition**）を使って連立方程式を解くのが一般的です。LU 分解とは、行列 A を次の形に表すことをいいます。

$$A = LU \qquad (3.36)$$

ここで、L は下三角行列、U は上三角行列です。模式図を**図 3.9**(a)に示します。この分解が実行できたら、連立方程式(3.34)は簡単に解くことができます。これを見るために、LU 分解(3.36)を使って、連立方程式(3.34)を三角行列で書かれた 2 つの連立方程式に分解します。

$$Ly = b \qquad (3.37)$$

$$Ux = y \qquad (3.38)$$

$$
\begin{array}{c}
A \\
\begin{pmatrix}
a_{11} & a_{12} & a_{13} & a_{14} \\
a_{21} & a_{22} & a_{23} & a_{24} \\
a_{31} & a_{32} & a_{33} & a_{34} \\
a_{41} & a_{42} & a_{43} & a_{44}
\end{pmatrix}
\end{array}
=
\begin{array}{c}
L \\
\begin{pmatrix}
l_{11} & 0 & 0 & 0 \\
l_{21} & l_{22} & 0 & 0 \\
l_{31} & l_{32} & l_{33} & 0 \\
l_{41} & l_{42} & l_{43} & l_{44}
\end{pmatrix}
\end{array}
\begin{array}{c}
U \\
\begin{pmatrix}
u_{11} & u_{12} & u_{13} & u_{14} \\
0 & u_{22} & u_{23} & u_{24} \\
0 & 0 & u_{33} & u_{34} \\
0 & 0 & 0 & u_{44}
\end{pmatrix}
\end{array}
$$

（a）LU 分解(3.36)

$$
\begin{array}{c}
L \\
\begin{pmatrix}
l_{11} & 0 & 0 & 0 \\
l_{21} & l_{22} & 0 & 0 \\
l_{31} & l_{32} & l_{33} & 0 \\
l_{41} & l_{42} & l_{43} & l_{44}
\end{pmatrix}
\end{array}
\begin{array}{c}
\boldsymbol{y} \\
\begin{pmatrix}
y_1 \\ y_2 \\ y_3 \\ y_4
\end{pmatrix}
\end{array}
=
\begin{array}{c}
\boldsymbol{b} \\
\begin{pmatrix}
b_1 \\ b_2 \\ b_3 \\ b_4
\end{pmatrix}
\end{array},
\quad
\begin{array}{c}
U \\
\begin{pmatrix}
u_{11} & u_{12} & u_{13} & u_{14} \\
0 & u_{22} & u_{23} & u_{24} \\
0 & 0 & u_{33} & u_{34} \\
0 & 0 & 0 & u_{44}
\end{pmatrix}
\end{array}
\begin{array}{c}
\boldsymbol{x} \\
\begin{pmatrix}
x_1 \\ x_2 \\ x_3 \\ x_4
\end{pmatrix}
\end{array}
=
\begin{array}{c}
\boldsymbol{y} \\
\begin{pmatrix}
y_1 \\ y_2 \\ y_3 \\ y_4
\end{pmatrix}
\end{array}
$$

（b）分解された連立方程式(3.37), (3.38)

図 3.9 LU 分解の模式図

図(b)に，これら 2 式の模式図を表します．まず，1 つめの式に注目します．L の 1 行目は l_{11} のみ値をもつため，y_1 が $y_1 = b_1/l_{11}$ により求められます．次に，2 行目を見ると，すでに y_1 が求められているため，y_2 も簡単に計算できます．このように，下三角行列 L を上の行から順番に見ていけば，$\boldsymbol{y}$ の成分が上から順に求められていきます．これを**前進代入**（**forward substitution**）とよびます．次に，いま求められた $\boldsymbol{y}$ を 2 つめの式の右辺に代入し，今度は上三角行列 U を下の行から順番に見ていきます．これにより，$\boldsymbol{x}$ の成分が下から順に求められます．こちらは**後退代入**（**backward substitution**）とよばれます．このように，LU 分解の形がわかっていれば，簡単な代入で連立方程式を解くことができます．このような，連立方程式そのものを解く方法を総称して，**直接法**（**direct method**）といいます．

LU 分解の計算量のオーダーは逆行列と同じ $\mathcal{O}(N^3)$ ですが，逆行列よりも計算量は少なくて済みます．したがって，連立方程式を解く目的なら，逆行列を計算する必要はありません．いったん LU 分解を行ってしまえば，前進代入と後退代入によって $\mathcal{O}(N^2)$ で連立方程式を解くことができます．

行列 A が実対称行列またはエルミート行列の場合には，$U = L^\dagger$（$\dagger$ はエルミート共役）の関係があり，LU 分解(3.36)は次のように表せます．

$$
A = LL^\dagger \tag{3.39}
$$

これを，**コレスキー分解**（**Cholesky decomposition**）とよびます．コレスキー分解

は，行列 A の対称性を利用する分，LU 分解よりも少ない計算量で実行できます．したがって，コレスキー分解が利用できる場合には，LU 分解の代わりにコレスキー分解を利用すると計算時間の節約になります．

行列 A が大きくてすべての要素をメモリ上に保持できない場合には，LU 分解が実行できません．たとえば，2 次元空間を 100×100 のグリッドに離散化した場合，行列 A のサイズは $10,000 \times 10,000$ です．データ容量に換算すると，倍精度の実数型なら約 800 MB です．このくらいであれば普通のパソコンでも扱うことができ，NumPy や SciPy を利用すれば問題なく線形代数演算を実行できます．しかし，サイズがその 10 倍，100 倍になると，メモリや計算時間の問題で扱うことが難しくなってきます．行列サイズ $10,000 \times 10,000$ を 1 つの目安として，密行列で扱える系のサイズを考えるとよいでしょう．

◆──反復法

求めたいベクトル $\boldsymbol{x}$ を時間に依存する量 $\boldsymbol{x}(t)$ に拡張して，解きたい方程式(3.34)を右辺にもつ時間発展方程式

$$\frac{d\boldsymbol{x}(t)}{dt} = A\boldsymbol{x}(t) - \boldsymbol{b} \tag{3.40}$$

を考えます．十分時間が経過したあとに，$\boldsymbol{x}(t)$ が時間に依存しない解 $\boldsymbol{x}^*$ に収束したとします．すると，$A\boldsymbol{x}^* = \boldsymbol{b}$ を満たします．したがって，ある初期状態 $\boldsymbol{x}(0)$ から始めて，解が変化しなくなるまで時間発展をひたすら繰り返すことで，元の連立方程式(3.34)の解が得られます．**反復法**（**iterative method**）は，このような考え方に基づく方法の総称です．

反復法は，行列 A が疎行列の場合にとくに有用です．反復法の基本演算は，行列 A を試行ベクトル $\boldsymbol{x}$ に掛けて新しいベクトルを作る演算 $A\boldsymbol{x}$ だからです．行列 A がメモリ上に保持できなくても，演算 $A\boldsymbol{x}$ さえ評価できれば方程式の解を求めることができます．また，LU 分解の計算量が $\mathcal{O}(N^3)$ であるのに対して，演算 $A\boldsymbol{x}$ の計算量は $\mathcal{O}(N^2)$ です．したがって，LU 分解が可能なサイズであっても，反復法を使ったほうが速く解ける可能性があります．

さて，反復法の具体的なアルゴリズムを 1 つ紹介します．方程式(3.40)において，時間微分を前進差分で置き換えると

$$\boldsymbol{x}^{(n+1)} = \boldsymbol{x}^{(n)} + \Delta t(A\boldsymbol{x}^{(n)} - \boldsymbol{b}) \tag{3.41}$$

が得られます（オイラー法◉2.2節）．時間 t の代わりに，繰り返しのステップ数 n で x をラベル付けしました．この式の i 成分に注目し，$x_i^{(n)}$ が右辺から消えるように Δt を選びます．すると，次の式が得られます．

$$x_i^{(n+1)} = \frac{1}{A_{ii}} \left(b_i - \sum_{j(\neq i)} A_{ij} x_j^{(n)} \right) \tag{3.42}$$

この式を用いて x を更新していく方法は，**ヤコビ法**（**Jacobi's method**）とよばれます．この更新式は，連立方程式(3.34)の i 成分 $\sum_j A_{ij} x_j = b_i$ において，i 成分以外 $(j \neq i)$ を $x_j \to x_j^{(n)}$ と置き換えて，i 成分 $x_i^{(n+1)}$ について解いた式に対応します．

　ヤコビ法のほかにも，収束性を改良したガウス-ザイデル法（Gauss–Seidel method）や，より収束の速い SOR 法（Successive Over-Relaxation method，逐次過緩和法）などがあります．アルゴリズムによって，解の収束までに必要な行列-ベクトル演算 Ax の回数が変わります．本書ではこれらのアルゴリズムの詳細には立ち入らないので，興味のある読者は，たとえば文献[1]を参照してください．

Library　SciPy による連立方程式の解法

　行列 A が密行列の場合に LU 分解を使用して連立方程式を解くには，`scipy.linalg` モジュールの `lu_factor` 関数と `lu_solve` 関数を組み合わせます．NumPy にも同様の関数がありますが，本書では SciPy を優先的に使用する方針です◉B.7節．以下のように使用します．

```
from scipy.linalg import lu_factor, lu_solve
lu = lu_factor(A, overwrite_a=False)  # LU分解を実行
x = lu_solve(lu, b)  # LU分解の結果を使って連立方程式を解く
```

ここで，`A` は2次元の NumPy 配列，`b` は1次元の NumPy 配列です．`lu` オブジェクトが LU 分解の結果得られる行列を保持します．`overwrite_a=True` を指定すると配列 `A` が上書きされ，その分，計算が若干速くなります．`overwrite_a=False` の場合は省略できます．この `lu` オブジェクトと連立方程式(3.34)の右辺を `lu_solve` 関数に与えることで，解 x を得ます．

　行列 A が対称行列（複素行列の場合にはエルミート行列）の場合には，行列の対称性を利用したコレスキー分解が利用できます．これには `cho_factor` 関数と `cho_solve` 関数を組み合わせます．使い方は LU 分解の場合とほとんど同じです．

```
from scipy.linalg import cho_factor, cho_solve
cho = cho_factor(A, Lower=False, overwrite_a=False)  # コレスキー分解を実行
x = cho_solve(lu, b)  # コレスキー分解の結果を使って連立方程式を解く
```

LU 分解と異なるのは，Lower オプションです．Lower=False（デフォルト）の場合には配列 A の上三角行列部分，True の場合は下三角行列部分に保存されているデータが使われます．

　行列 A が疎行列の場合に直接法で連立方程式を解くには，scipy.sparse.linalg モジュールにある spsolve 関数を使います．A を 2 次元の NumPy 配列または疎行列クラスのオブジェクト，b を 1 次元の NumPy 配列として

```
from scipy.sparse.linalg import spsolve
x = spsolve(A, b)
```

で連立方程式の解 x が得られます．scikit-umfpack というパッケージがインストールされている場合には，UMFPACK という C 言語で書かれた疎行列用のライブラリを使用します．このように過去の遺産を統一されたシンプルなインターフェースで手軽に使えるのが，Python のメリットです．次節の例題で，実際に spsolve と scipy.linalg.lu_solve を使用し，それらの計算時間を比較します．

　scipy.sparse.linalg モジュールには，反復法で連立方程式を解く関数も用意されています．詳細は公式ドキュメントを参照してください．

3.8 | **例題** ポアソン方程式（2 次元空間）

　電磁気学における静電ポテンシャルが従う**ポアソン方程式**（**Poisson equation**）を考えます．空間次元を 2 次元とすると，ポアソン方程式は

$$\left(\frac{\partial^2}{\partial x^2} + \frac{\partial^2}{\partial y^2} \right) \phi(x, y) = -\frac{1}{\epsilon_0} \rho(x, y) \tag{3.43}$$

で与えられます．ここで，$\phi(x, y)$ は静電ポテンシャル，$\rho(x, y)$ は電荷密度，ϵ_0 は真空の誘電率です．

　境界条件および電荷分布として，**図 3.10** のような 2 通りの状況を考えます．1 つめは，点電荷[注4]のみが空間中に置かれている状況です．系の端で $\phi(x, y) = 0$ の境

注4　正確には，z 軸方向に無限に延びた線電荷を考えていることになります．

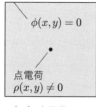

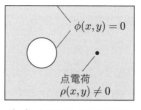

（a）点電荷のみ　　　　　　　　（b）点電荷と金属の円柱

図 3.10 ポアソン方程式の境界条件と電荷分布の例

界条件とします．端の影響が無視できる中心付近を見れば，無限遠で $\phi(x,y) \to 0$ の境界条件と同じ解が得られるはずです．2 つめとして，点電荷に加えて金属の円柱が置かれた状況を考えます．金属は接地されているとし，円柱の表面および内部で $\phi(x,y) = 0$ の境界条件を課します．この境界条件を満たすように金属表面に電荷が分布し，それにより，円柱の周辺で $\phi(x,y)$ が大きく変化します．これらの条件でポアソン方程式を解き，静電ポテンシャル $\phi(\boldsymbol{r})$ および静電場 $\boldsymbol{E}(\boldsymbol{r}) = -\nabla\phi(\boldsymbol{r})$ を計算します．

◆——無次元化

方程式をプログラムに乗せる前に，3.5 節で述べたように無次元化を行います．SI 単位系では，ϕ の次元は [V]，ϵ_0 は [C/m·V]，ρ は [C/m^3] です．系の一辺の長さを L として，式(3.43)を次のように書き換えます．

$$L^2 \left(\frac{\partial^2}{\partial x^2} + \frac{\partial^2}{\partial y^2} \right) \frac{L\epsilon_0}{q} \phi(x,y) = -\frac{L^3}{q} \rho(x,y) \tag{3.44}$$

ここで，q は単位電荷です．ここから，無次元静電ポテンシャル $\phi'(x,y)$ と無次元電荷密度 $\rho'(x,y)$ を次のように定義します．

$$\phi'(x,y) = \frac{L\epsilon_0}{q} \phi(x,y), \quad \rho'(x,y) = \frac{L^3}{q} \rho(x,y) \tag{3.45}$$

座標は L で無次元化し，x/L，y/L を新たに x，y と置き直すと，ポアソン方程式 (3.43)は

$$\left(\frac{\partial^2}{\partial x^2} + \frac{\partial^2}{\partial y^2} \right) \phi'(x,y) = -\rho'(x,y) \tag{3.46}$$

と無次元化されます．以降は，表記を簡単化するため，無次元量 $\phi'(x,y)$，$\rho'(x,y)$ を単に $\phi(x,y)$，$\rho(x,y)$ と書きます．数値計算で解いた結果を次元のある量に戻したい場合には，式(3.45)を使って次元を復元します．

◆──1 次元化

さて，これまでの例題では 1 次元空間のみを考えてきました．ここで，2 次元空間を扱う場合のテクニックを紹介します．いま，x 座標，y 座標をともに n 個の座標点に離散化したとします．それにより作られる 2 次元空間の n^2 個の座標点（グリッド）を 1 次元配列に収めるには，**図 3.11** のように，1 つの経路に沿って座標点を並べます．図(a)と(b)の 2 つの経路で，座標点の順番が異なります．それぞれ $[x, y]$，$[y, x]$ と表すことにします．

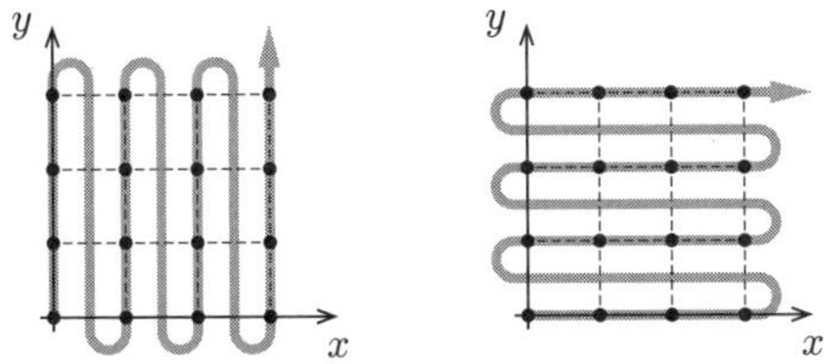

（a）$[x,y]$ 表現　　（b）$[y,x]$ 表現

図 3.11　2 次元空間の 1 次元配列による表現

このような 1 次元化した配列表現を利用するには，NumPy の `reshape` メソッド➔B.3 節を使用するのが便利です．$[x, y]$ 表現を使用する場合の例を示します．

```
a_2d = np.zeros((n, n))  # 2次元配列を生成
a_2d[i, j]  # 座標点(x_i, y_j)
a_1d = a_2d.reshape(-1)  # 1次元化したビューを生成
a_1d[k]  # 1次元的にアクセス (k=i*n+jに対応)
```

このように，`reshape` メソッドを使って配列の shape を変えることで，2 次元空間のデータを 2 次元配列と 1 次元配列の両方で表現できます．$[y, x]$ 表現の場合には，`a_2d[i,j]` の代わりに `a_2d[j,i]` でアクセスします．`reshape` で生成されるのはビューなので，`a_2d` と `a_1d` は同じデータを参照します➔B.3 節．直感的にデータにアクセスしたい場合には 2 次元表現を，ポアソン方程式(3.46)の線形演算を計算したい場合には 1 次元表現を使用するなど，用途によって使い分けることができます．

次に，配列を 1 次元化した場合の微分演算子の表現を考えます．変数 x に関する微分演算子 $\partial^n/\partial x^n$ が，離散空間で行列 $D^{(n)}$ によって表されることは 3.2 節で解説しました．微分演算子が 2 変数関数 $f(x, y)$ に作用する場合には，$f(x, y)$ の 1 次元化 $f(x, y) \to f([x, y])$ に対応して，演算子は

$$\frac{\partial^n}{\partial x^n} \to D^{(n)} \otimes I \tag{3.47}$$

$$\frac{\partial^n}{\partial y^n} \to I \otimes D^{(n)} \tag{3.48}$$

と置き換わります．ここで，I は単位行列です．$\otimes$ は**クロネッカー積**（**Kronecker product**）とよばれ，行列の要素に行列をもつブロック行列を表します．

$$A \otimes B = \begin{pmatrix} a_{11}B & a_{12}B & \cdots \\ a_{21}B & a_{22}B & \\ \vdots & & \ddots \end{pmatrix} \tag{3.49}$$

Python では，NumPy や scipy.sparse モジュールに含まれる関数 kron を使うことで，クロネッカー積を簡単に計算できます．

◆──**実装**

それでは，無次元化されたポアソン方程式(3.46)を解きます．3.6 節の方法に従い，ポアソン方程式を連立方程式で表します．微分演算子は疎行列なので，疎行列モジュール scipy.sparse を使用します❺3.2節．

まずは，図 3.10(a)の状況を考え，一辺の長さが $L = 1$（変数 Lx, Ly）の2次元系の中心に点電荷 $\rho(x, y) = \delta(x - L/2, y - L/2)$ があるとします．境界条件は，系の端で $\phi(x, y) = 0$ です．ただし，あとで図 3.10(b)の状況にも応用するために，柔軟に境界条件を変更できるよう設計します．グリッド数は nx=ny=51 とします．

プログラム 3.7 poisson.py

```
1: import numpy as np
2: from scipy import sparse  # 疎行列モジュール
3: from scipy.sparse.linalg import spsolve  # 疎行列用ソルバー
4: from scipy.linalg import lu_factor, lu_solve  # 密行列用ソルバー
5: from differential import make_differential_ops
        # differential.pyから関数をインポート
6:
7: # 1次元空間における1階微分および2階微分を表す行列D1, D2を生成
8: def make_diff_matrix(_x):
9:     dx = _x[1] - _x[0]
10:     nx = _x.size
11:     D1, D2, _ = make_differential_ops(nx, dx)  # 差分行列を取得
12:     assert isinstance(D1, sparse.spmatrix)  # D1は疎行列
13:     assert isinstance(D2, sparse.spmatrix)  # D2は疎行列
14:     I = sparse.identity(nx)  # 単位行列
15:     return I, D1, D2
16:
```

```
17:  # 境界条件付き連立方程式 A.x=b を解く関数
18:  def solve_eq_with_boundary(A, b, boundary):
19:      print(f"A.shape = {A.shape}")  # (N, N)
20:      print(f"b.shape = {b.shape}")  # (N,)
21:      assert A.shape == b.shape + b.shape
22:      assert b.shape == boundary.shape
23:
24:      not_boundary = np.logical_not(boundary)  # 境界以外でTrue ❶
25:
26:      # 境界領域を行列Aとベクトルbから除く
27:      A_reduced = A[np.ix_(not_boundary, not_boundary)]
28:      b_reduced = b[not_boundary]
29:      print(f"A_reduced.shape = {A_reduced.shape}")
30:      print(f"b_reduced.shape = {b_reduced.shape}")
31:
32:      # 疎行列用のソルバーを使って方程式 A.x=b を解く
33:      x = spsolve(A_reduced, b_reduced)
34:
35:      # 密行列用のソルバーを使って方程式 A.x=b を解く場合
36:      # lu = lu_factor(A_reduced.toarray())  # LU分解
37:      # x = lu_solve(lu, b_reduced)
38:
39:      # 方程式の解xをphiに代入して返す
40:      phi = np.zeros(b.shape, dtype=float)
41:      phi[not_boundary] = x  # 境界領域を除いた部分にxを代入 ❷
42:      return phi
43:
44:  # ポアソン方程式を解く関数
45:  def solve_poisson_2d(x, y, rho, boundary):
46:      nx, ny = x.size, y.size  # x座標，y座標の点の数
47:      assert rho.shape == (nx, ny)  # rhoのshapeを確認
48:      assert boundary.shape == (nx, ny)  # boundaryのshapeを確認
49:      N = nx * ny  # 座標点の総数
50:
51:      # x座標，y座標のそれぞれ1次元空間に対して差分行列と単位行列を取得
52:      id_x, d1_x, d2_x = make_diff_matrix(x)
53:      id_y, d1_y, d2_y = make_diff_matrix(y)
54:
55:      # 2次元空間に作用する差分行列を生成 ❸
56:      D1x = sparse.kron(d1_x, id_y)
57:      D1y = sparse.kron(id_x, d1_y)
58:      D2x = sparse.kron(d2_x, id_y)
59:      D2y = sparse.kron(id_x, d2_y)
60:      assert D1x.shape == D1y.shape == D2x.shape == D2y.shape == (N, N)
61:
62:      # 2次元のラプラシアンD2を計算
63:      D2 = D2x + D2y
64:      assert D2.shape == (N, N)
65:
66:      # 2次元配列を1次元配列に変換
67:      rho = rho.reshape(-1)
```

```
68:        boundary = boundary.reshape(-1)
69:        assert rho.shape == boundary.shape == (N,)
70:
71:        # 境界条件付き連立方程式 D2.phi=-rho を解く
72:        phi = solve_eq_with_boundary(A=D2, b=(-1)*rho, boundary=boundary)
73:        assert phi.shape == (N,)
74:
75:        # 電場 E = -grad phi を計算 ❹
76:        Ex = -D1x @ phi
77:        Ey = -D1y @ phi
78:        assert Ex.shape == Ey.shape == (N,)
79:
80:        # 1次元配列を2次元配列に変換 ❺
81:        phi = phi.reshape((nx, ny))
82:        Ex = Ex.reshape((nx, ny))
83:        Ey = Ey.reshape((nx, ny))
84:
85:        # 結果をファイルに保存 ❻
86:        np.savez("poisson", phi=phi, Ex=Ex, Ey=Ey, x=x, y=y)
87:
88: # 電荷分布を生成する関数
89: def make_rho(x, y):
90:        dx, dy = x[1] - x[0], y[1] - y[0]
91:        nx, ny = x.size, y.size
92:        nx0, ny0 = nx // 2, ny // 2  # 中心座標
93:        # デルタ関数
94:        rho = np.zeros((nx, ny), dtype=float)
95:        rho[nx0, ny0] = 1 / (dx * dy)  # 離散座標なのでデルタ関数は有限値になる
96:        return rho
97:
98: # 境界条件を生成する関数
99: def make_boundary(x, y):
100:       nx, ny = x.size, y.size
101:       # 境界領域でTrue，それ以外でFalse
102:       boundary = np.full((nx, ny), False)
103:       boundary[0, :] = True
104:       boundary[-1, :] = True
105:       boundary[:, 0] = True
106:       boundary[:, -1] = True
107:       return boundary
108:
109: def main():
110:       Lx, Ly = 1.0, 1.0  # 系の一辺の長さ
111:       nx, ny = 51, 51  # グリッドの数
112:       print(f"(nx, ny) = {nx, ny}")
113:
114:       # x座標，y座標を離散化した配列を生成
115:       x = np.linspace(0, Lx, nx)
116:       y = np.linspace(0, Ly, ny)
117:       print(f"dx = {x[1] - x[0]}")
118:       print(f"dy = {y[1] - y[0]}")
```

```
119:
120:     # 電荷密度を生成
121:     rho = make_rho(x, y)
122:     assert rho.shape == (nx, ny)  # 得られたrhoのサイズを確認
123:
124:     # 境界条件を生成
125:     boundary = make_boundary(x, y)
126:     assert boundary.shape == (nx, ny)  # 得られたboundaryのサイズを確認
127:
128:     # ポアソン方程式を解く
129:     solve_poisson_2d(x, y, rho, boundary)
130:
131: if __name__ == '__main__':
132:     main()
```

解説

solve_poisson_2d 関数（44～86 行目）　このプログラムの中心である solve_poisson_2d 関数から見ていきます．引数は，x 座標と y 座標の離散点を保持する 1 次元配列 x と y，および電荷密度 $\rho(x, y)$ と境界条件を保持する 2 次元配列 rho と boundary です．この関数では，さまざまな shape の配列を扱います．随所で assert 文を使用し，配列の shape がつねに明確になるようにしています **⊃A.9 節**．

　❸2 次元空間を図 3.11(a) の $[x, y]$ 表現で 1 次元化します．差分行列を得るために必要なクロネッカー積は，疎行列用の関数 scipy.sparse.kron を使って計算します．配列を 1 次元化すると，2 次元空間のポアソン方程式は 1 次元空間のポアソン方程式とまったく同じ形の行列 – ベクトル積で表されます．したがって，連立方程式を解く関数 solve_eq_with_boundary の中では，空間次元を気にせずに 1 次元配列のみを扱えばよく，記述がシンプルになります．❹また，1 次元配列として得られた解 phi から電場を得る演算 $\boldsymbol{E}(x, y) = -\nabla\phi(x, y)$ も，行列 – ベクトル積として計算できます．❺最後に，1 次元配列を 2 次元配列に戻せば 2 次元空間を直感的に表現する配列が得られます．❻結果はバイナリ形式でファイルに保存します．

solve_eq_with_boundary 関数（17～42 行目）　境界条件付きの連立方程式 $A\boldsymbol{x} = \boldsymbol{b}$ を解く関数です．3.6 節の方法に従って，行列 A およびベクトル $\boldsymbol{b}$ から境界領域を除いた行列 $\tilde{A}$ とベクトル $\tilde{\boldsymbol{b}}$ を作ります．❶まず，境界領域で True をもつ配列 boundary から，境界以外の領域で True をもつ配列を作ります．この配列を 2 次元配列 A や 1 次元配列 b の [] に与えることで，境界以外の領域のみを抽出した配列が得られます（27～28 行目）．この記法については B.5 節を参照してください．

　式(3.33)を解きます．ここでは，境界領域 $j \in \mathrm{B}$ で $u_j = 0$ を想定し，電荷分布への補正項 $\tilde{\rho}'$ は $\tilde{\rho}' = 0$ とします．これは境界条件 $\phi(x, y) = 0$ に対応します．A_reduced は差分行列から作られた配列なので，疎行列です（27 行目）．疎行列用

の連立方程式ソルバー scipy.sparse.linalg.spsolve⊙p.81 を使用します.

❷連立方程式の解 x は境界以外の領域に対して得られた解 $\tilde{u}$ なので,これを全領域で定義されたベクトル u に戻します.配列 b から b_reduce を作ったのと逆に,ブール値による要素抽出を左辺に使用して代入することで実行できます.

make_rho 関数(88〜96 行目) 電荷分布 $\rho(x,y)$ を表す 2 次元配列を生成します.デルタ関数で表される点電荷 $\rho(x,y) = \delta(x-L/2, y-L/2)$ は,連続空間であれば $(x,y) = (L/2, L/2)$ で発散していますが,離散空間上では有限値になります.その値は,積分値が 1 となるように決めます.したがって,離散空間では,デルタ関数はクロネッカーのデルタで置き換わり,$\rho_{x,y} = (1/\Delta x \Delta y)\delta_{x,L/2}\delta_{y,L/2}$ となります.ここで,Δx, Δy はそれぞれ x 座標,y 座標のグリッド間隔です.

make_boundary 関数(98〜107 行目) 境界条件を表す 2 次元配列を生成します.境界領域 $i \in \mathrm{B}$ で True,それ以外では False とします.

main 関数(109〜129 行目) 空間座標のグリッドを make_rho 関数と make_boundary 関数に渡して電荷分布と境界条件を取得し,それらを solve_poisson_2d 関数に渡します.

このスクリプトを実行すると,以下の標準出力が得られます.計算は約 1 秒で終わります.

実行結果

```
(nx, ny) = (51, 51)
dx = 0.02
dy = 0.02
A.shape = (2601, 2601)
b.shape = (2601,)
A_reduced.shape = (2401, 2401)
b_reduced.shape = (2401,)
```

実行ディレクトリに poisson.npz という名前のファイルが生成されます.座標点の数は $51^2 = 2{,}601$ ですが,実際に解いている連立方程式の成分数は境界領域を除いている分だけ少なく,$2{,}401$ になっていることがわかります.

◆——結果の可視化

得られた数値データから $\phi(x,y)$ と $\boldsymbol{E}(x,y)$ を可視化します.以下にスクリプトを示します.

プログラム 3.8 poisson_plot.py

```
1: import numpy as np
2: import matplotlib.pyplot as plt
3:
```

```
 4: # 計算結果の数値データを読み込み ❶
 5: npz = np.load("poisson.npz")
 6: print(npz.files)  # 読み込んだデータの一覧を表示
 7: phi = npz['phi']
 8: Ex, Ey = npz['Ex'], npz['Ey']
 9: x, y = npz['x'], npz['y']
10:
11: # 2次元グリッドを生成 ❷
12: xx, yy = np.meshgrid(x, y)  # yを固定してxを動かす2次元配列（[y, x]と表す）
13: print(f"xx.shape = {xx.shape}")  # (ny, nx)
14: print(f"yy.shape = {yy.shape}")  # (ny, nx)
15:
16: # [x, y] から [y, x] に変換 ❸
17: phi = phi.transpose()
18: Ex = Ex.transpose()
19: Ey = Ey.transpose()
20:
21: # 配列のshapeがすべて一致しているか確認
22: assert xx.shape == yy.shape == phi.shape == Ex.shape == Ey.shape
23:
24: # pcolormeshを使ってphiを図示 ❹
25: fig, ax = plt.subplots()
26: im = ax.pcolormesh(xx, yy, phi, shading='nearest', cmap='OrRd')
27: # shading = 'nearest', 'gouraud'
28: ax.set_aspect(1)
29: fig.colorbar(im, ax=ax)
30: fig.savefig("phi_1.pdf")
31:
32: # contourfを使ってphiを図示 ❺
33: fig, ax = plt.subplots()
34: im = ax.contourf(xx, yy, phi, levels=20, cmap='OrRd')
35: ax.set_aspect(1)
36: fig.colorbar(im, ax=ax)
37: fig.savefig("phi_2.pdf")
38:
39: # quiverを使って電場Eを図示（phiに重ねて描く） ❻
40: fig, ax = plt.subplots()
41: im = ax.pcolormesh(xx, yy, phi, shading='nearest', cmap='OrRd')
42: ax.quiver(xx, yy, Ex, Ey)
43: ax.set_aspect(1)
44: fig.colorbar(im, ax=ax)
45: fig.savefig("elecfield_1.pdf")
46:
47: # streamplotを使って電場Eを図示（phiに重ねて描く） ❼
48: fig, ax = plt.subplots()
49: im = ax.pcolormesh(xx, yy, phi, shading='nearest', cmap='OrRd')
50: ax.streamplot(xx, yy, Ex, Ey, color='black', linewidth=1)
51: ax.set_aspect(1)
52: fig.colorbar(im, ax=ax)
53: fig.savefig("elecfield_2.pdf")
```

解説

❶まずは np.load 関数を使って，先ほど保存した拡張子 npz のファイルからデータを取得します．❷np.meshgrid は，2 次元のグリッドを生成するための関数です．x 座標と y 座標の値を保持する 2 つの 1 次元配列 x, y から，それらの数値をグリッド状に並べた 2 次元配列を生成します．データの並びが $[y, x]$ 表現➔図 3.11(b) になっているので注意が必要です．❸このデータ並びにあわせて phi や Ex, Ey の配列の軸を入れ替えます注5．

　静電ポテンシャル $\phi(x, y)$ を，2 種類の方法で描画します．❹図 **3.12**(a)は，ax.pcolormesh メソッドを使用して得られた強度マップです．shading オプションで色の塗り方を指定します．'nearest' は，座標点を中心とするマスで埋め尽くしたモザイク状の図です．ただし，この図ではグリッドが十分細かいので，モザイク状になっているのはわかりません．'gouraud' にするとモザイク状ではなく，滑らかな図になります．fig.colorbar メソッドにより，カラーバーを表示します．このとき，2 次元グラフの結果を保持した im オブジェクトを与えます．

❺図 3.12(b)は，ax.contourf を使用して得られた等高線図です．等高線の間隔から，点電荷の付近で $\phi(x, y)$ の変化が大きく，点電荷から離れると変化が小さくなっていることが確認できます．

　次に，電場 $E(x, y)$ を可視化します．これも 2 種類の方法を使います．❻図 **3.13**(a)は，ax.quiver を使ったベクトル場の図です．グリッド上にベクトルを表す矢印が並びます．ax.pcolormesh で作成した $\phi(x, y)$ も同時に描いておくと，よりわかりやす

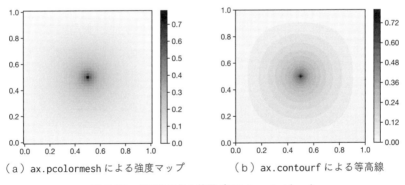

（ a ）ax.pcolormesh による強度マップ　　　　（ b ）ax.contourf による等高線

図 3.12　点電荷の作る静電ポテンシャル $\phi(x, y)$

注5　np.meshgrid 関数の indexing オプションで indexing='ij' を指定すれば，$[x, y]$ 表現の配列を生成することもできます（デフォルトは indexing='xy'）．しかし，Matplotlib のメソッドは $[y, x]$ 表現の配列を受け取るようになっているため，indexing オプションは使わずにデフォルトのままとし，phi などの軸を入れ替えて対応しています．メソッドなどの使い方については，公式ドキュメントで正確な情報を得ることが重要です．

くなります．この図のようにグリッドが細かすぎる場合には，ベクトル場の流れを掴みにくい図になってしまいます．

❼図 3.13(b)は，`ax.streamplot`を使った流れ図です．この方法では，見慣れたベクトル場の流れ図が自動的に生成されます．一部，線が途中で切れている箇所がありますが，これは仕様です．普通，電場を流れ図で表す場合には，線が途中で切れてはいけません．線の密度が電場の強さを表すからです．その意味で，`ax.streamplot`を使った流れ図は物理量を表す流れ図としては正確ではなく，あくまでも，「流れ図のようなもの」という認識で使用したほうが無難です．それでも，`ax.quiver`に比べて，系の端（$\phi(x,y)=0$）に垂直に電場が入る様子は非常によくわかります．グリッド状の電場データから，自動的にこのクオリティの流れ図が描画できてしまうことは驚きです．

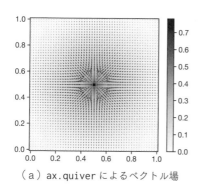 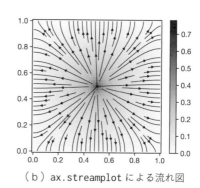

（a）`ax.quiver`によるベクトル場　　（b）`ax.streamplot`による流れ図

図 3.13　点電荷の作る電場 $\boldsymbol{E}(x,y)$

◆──導体の物体がある場合

さて，次はもう少し複雑な状況設定で計算してみます．図 3.10(b)のように，2次元空間に，点電荷に加えて円状の導体があるとします．導体は接地されているとして，導体および系の端で $\phi(x,y)=0$ の境界条件を課します．系の大きさを $L_x=1.4$，$L_y=1$（それぞれ変数 Lx，Ly）として，点電荷を $(L_x/2, L_y/2)$ に置きます．導体は半径 0.1 とし，座標 $(0.4, 0.5)$ に配置します（変数 r，x0，y0）．グリッドの数は nx=141，ny=101 とします．

プログラム 3.9 poisson_circle.py

```python
1: import numpy as np
2: from poisson import solve_poisson_2d, make_rho, make_boundary
        # 別ファイルから関数をインポート
3:
4: # 中心(x0, y0)，半径rの円の中でTrueをもつ2次元配列を生成
```

```
 5: def make_circle(x, y, x0, y0, r):
 6:     boundary = ((x[:, None] - x0)**2 + (y[None, :] - y0)**2)**0.5 < r  # ❶
 7:     return boundary
 8:
 9: def main():
10:     Lx, Ly = 1.4, 1.0
11:     nx, ny = 141, 101
12:     print(f"(nx, ny) = {nx, ny}")
13:
14:     x = np.linspace(0, Lx, nx)
15:     y = np.linspace(0, Ly, ny)
16:     print(f"dx = {x[1] - x[0]}")
17:     print(f"dy = {y[1] - y[0]}")
18:
19:     # 電荷分布
20:     rho = make_rho(x, y)
21:     assert rho.shape == (nx, ny)
22:
23:     # 端における境界条件
24:     boundary = make_boundary(x, y)
25:     assert boundary.shape == (nx, ny)
26:
27:     # 円柱における境界条件 ❷
28:     boundary_circle = make_circle(x, y, x0=0.4, y0=0.5, r=0.1)
29:     assert boundary_circle.shape == (nx, ny)
30:
31:     # 論理和（or）をとって2つの境界条件を合成 ❸
32:     boundary |= boundary_circle
33:
34:     solve_poisson_2d(x, y, rho, boundary)
35:
36: if __name__ == '__main__':
37:     main()
```

解説

make_circle 関数（4〜7 行目）　導体の境界を $\sqrt{(x - x_0)^2 + (y - y_0)^2} = r$ として，その内部で True，外側で False をもつ 2 次元配列を生成します．❶1 次元配列である x，y をそれぞれ x[:, None]，y[None, :] と書いて 1 つの式に含めることで，全体として 2 次元配列とみなされます➡B.5節．None は，np.newaxis と等価です．この 2 次元配列と実数 r との比較演算 < は，ブロードキャストのルールにより要素ごとに評価されて，ブール値をもつ 2 次元配列が得られます➡1.2.4項．

main 関数（9〜34 行目）　先ほどのスクリプト poisson.py の main 関数とパラメータ以外で異なるのは，境界条件だけです．❷make_circle 関数を呼び出して，導体上の境界条件を表す 2 次元配列 boundary_circle を取得します．❸それと系の端の境界条件 boundary の間の論理和（OR）をとることで，2 つの境界条件をあわせます．

実行結果は以下のとおりです．計算時間は 1 秒程度です．先ほどよりも大きいサイズですが，計算時間はほとんど変わりません．

実行結果
```
(nx, ny) = (141, 101)
dx = 0.01
dy = 0.01
A.shape = (14241, 14241)
b.shape = (14241,)
A_reduced.shape = (13450, 13450)
b_reduced.shape = (13450,)
```

座標点の数は $N = 141 \times 101 = 14{,}241$ ですが，境界条件から定まる部分を除いた $N = 13{,}450$ が実際に解く連立方程式のサイズです．

電場の流れ図を，**図 3.14** に示します．可視化スクリプトは先ほどの poisson_plot.py とほとんど同じなので省略します[注6]．端の影響のない部分のみを描画しています．点電荷から湧き出した電場が，円状の導体に垂直に入射している様子がわかります．

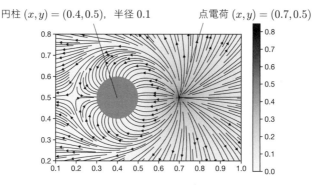

図 3.14　点電荷と導体円柱の作る電場 $\boldsymbol{E}$ の流れ図 (streamplot) と静電ポテンシャル $\phi(x, y)$ の強度マップ (pcolormesh)

なお，連立方程式を疎行列用ソルバー spsolve ではなく密行列用のソルバー lu_factor，lu_solve[◎ p.80] を使って解いた場合 (poisson.py 内の 36〜37 行目のコメント部分) の計算時間は，約 20 秒でした．ポアソン方程式のように演算子が疎行列で表される場合には，疎行列モジュール scipy.sparse が有用であることがわかります．

注6　塗りつぶした円は，コマンド ax.add_patch(plt.Circle((0.4, 0.5), 0.1, color='gray', lw=0, zorder=3)) で描画しました．

第**4**章 量子力学
——固有値問題

> **この章で扱うおもな関数**
> ☑ scipy.linalg.eigh 関数：行列の全対角化➡4.2節
> ☑ scipy.sparse.linalg.eigsh 関数：疎行列の対角化➡4.2節
>
> **この章で取り上げる問題**
> ☑ 量子非調和振動子：時間に依存しないシュレディンガー方程式➡4.3節
> ☑ ハイゼンベルグ模型：量子スピン系➡4.5節
> ☑ ハバード模型：強相関電子系➡4.6節

4.1 │ 量子力学と固有値問題

4.1.1 │ 時間に依存しないシュレディンガー方程式

量子力学における**時間に依存しないシュレディンガー方程式**（**time-independent Schrödinger equation**）は，以下で与えられます（空間 1 次元としています）．

$$\left[-\frac{\hbar^2}{2m}\frac{d^2}{dx^2} + V(x) \right]\psi(x) = E\psi(x) \tag{4.1}$$

$\psi(x)$ は波動関数，$V(x)$ はポテンシャルです．この方程式を満たす $\psi(x)$ の関数形とエネルギー E の組み合わせを求めるのが，**固有値問題**（**eigenvalue problem**）です．この固有値方程式は，$V(x)$ が簡単な関数形の場合には解析的に解けますが，一般的には解くことができません．数値計算が必要になります．

シュレディンガー方程式(4.1)が行列の固有値問題として表せることを見ます．差分公式➡3.2節の導出手順と同じように，座標 x を等間隔に離散化し，離散点 x_i における波動関数 $\psi(x_i)$ の集合をベクトル $\boldsymbol{\psi}$ と表します．すると，方程式(4.1)は

$$\left[-\frac{\hbar^2}{2m}D^{(2)} + V \right]\boldsymbol{\psi} = E\boldsymbol{\psi} \tag{4.2}$$

と表せます．ここで，$D^{(2)}$ は 2 階微分の中心差分公式に対応する行列（式(3.12)），V は対角要素に $V(x_i)$ をもつ対角行列です．4.3 節で，この形の固有値問題を解析

します.

　本書では扱いませんが，座標の離散化を行わない一般的な方法も紹介します．任意の正規直交関数系 $\{\varphi_n(x)\}$ を用いて，波動関数を $\psi(x) = \sum_n \psi_n \varphi_n(x)$ と展開します．これを式(4.1)に代入し，$\varphi_m^*(x)$ との内積をとると，次の式が得られます.

$$H\boldsymbol{\psi} = E\boldsymbol{\psi} \tag{4.3}$$

ここで，$\boldsymbol{\psi}$ は ψ_n を成分としてもつベクトル，H は行列要素が以下で与えられる行列です.

$$H_{mn} = \int dx\, \varphi_m^*(x) \left[-\frac{\hbar^2}{2m} \frac{d^2}{dx^2} + V(x) \right] \varphi_n(x) \tag{4.4}$$

式(4.2)の形式は，直交関数系としてデルタ関数の集合 $\varphi_i(x) = \delta(x - x_i)$ を採用したことに対応します．式(4.4)の積分を解析的に，あるいは数値積分を用いて正確に評価することで，空間座標に関して連続極限を扱うことができる点がこの方法のメリットです．実際の計算では，直交基底 $\{\varphi_n(x)\}$ を有限個で打ち切って得られるハミルトニアン行列 H を対角化します.

4.1.2 | スピン演算子

　量子力学では，すべての観測量は演算子で表されます．具体的に，スピン演算子 $\hat{\boldsymbol{S}} = (\hat{S}^x, \hat{S}^y, \hat{S}^z)$ を考えます．演算子にはハット（＾）をつけて表示します．スピン演算子は，次の**交換関係（commutation relation）**を満たします.

$$[\hat{S}^x, \hat{S}^y] = i\hbar \hat{S}^z \tag{4.5}$$

$$[\hat{S}^y, \hat{S}^z] = i\hbar \hat{S}^x \tag{4.6}$$

$$[\hat{S}^z, \hat{S}^x] = i\hbar \hat{S}^y \tag{4.7}$$

ここで，記号 $[\,,\,]$ は交換子 $[A, B] \equiv AB - BA$ を表します．スピン $1/2$ の演算子 $\hat{S}^z$ の2つの固有状態を，ケットベクトル $|\uparrow\rangle$ と $|\downarrow\rangle$ で表します[注1].

$$\hat{S}^z|\uparrow\rangle = \frac{\hbar}{2}|\uparrow\rangle, \quad \hat{S}^z|\downarrow\rangle = -\frac{\hbar}{2}|\downarrow\rangle \tag{4.8}$$

この2式は，次の 2×2 行列にまとめられます.

$$S^z = \begin{pmatrix} \langle\uparrow|\hat{S}^z|\uparrow\rangle & \langle\uparrow|\hat{S}^z|\downarrow\rangle \\ \langle\downarrow|\hat{S}^z|\uparrow\rangle & \langle\downarrow|\hat{S}^z|\downarrow\rangle \end{pmatrix} = \frac{\hbar}{2} \begin{pmatrix} 1 & 0 \\ 0 & -1 \end{pmatrix} \tag{4.9}$$

注1　量子力学のブラケット記法については，文献[5]をお勧めします.

行列 S^z を, $|\uparrow\rangle$, $|\downarrow\rangle$ を基底とする演算子 $\hat{S}^z$ の表現行列とよびます. **表現行列は基底に依存する**ことに注意してください. いまの場合, $\hat{S}^z$ の固有ベクトルを基底に選んだために, S^z が対角行列になっています (「量子化軸を z 軸にとる」という). 量子化軸を z 軸にとると, スピン演算子 $\hat{S}^x$, $\hat{S}^y$, $\hat{S}^z$ の表現行列は以下で与えられます.

$$S^x = \frac{\hbar}{2}\begin{pmatrix} 0 & 1 \\ 1 & 0 \end{pmatrix}, \quad S^y = \frac{\hbar}{2}\begin{pmatrix} 0 & -i \\ i & 0 \end{pmatrix}, \quad S^z = \frac{\hbar}{2}\begin{pmatrix} 1 & 0 \\ 0 & -1 \end{pmatrix} \quad (4.10)$$

スピン演算子の表現行列を用いれば, 交換関係の計算や 2 つのスピンの合成, さらにはスピン間の相互作用を考慮することもできます. 4.4 節では, 以降の準備も兼ねて, 交換関係などを計算します. そして 4.5 節と 4.6 節では, スピン演算子や粒子の生成・消滅演算子からなるハミルトニアンの固有値問題を解いて, 量子スピン系や多電子系の基底状態を考察します.

4.2 | 解法 固有値問題

本節では, 次の固有値問題を考えます.

$$H\phi_n = a_n\phi_n \quad (4.11)$$

ここで, H は $N \times N$ 行列, ϕ_n は N 次元ベクトル, a_n は固有値です. n は固有値・固有ベクトルを区別するラベルで, $n = 1, 2, \ldots, N$ です. 固有ベクトル ϕ_n から作られるユニタリー行列を使うと, 行列 H を対角化できます. そのため,「固有値問題を解く」と「対角化する」は同じような意味で使われます. 実際に固有ベクトルを使って行列を対角化する例は, 4.4 節で示します.

◆——全対角化

行列 H がエルミート行列の場合には, 三重対角行列への変換を行って対角化を実行します. すべての固有値・固有ベクトルを求めるので, あとで述べる疎行列に対する対角化と対比させて「全対角化」とよぶことがあります. 計算コストは $\mathcal{O}(N^3)$ です. 全対角化を行うには, 行列の全要素をメモリ上に保持する必要があります.

対角化のアルゴリズムはブラックボックスで構わないと思います. 実際のアルゴリズムは, 行列 H の性質 (対称行列, エルミート行列, 帯行列など) に依存するの

で，行列の対称性を適切に指定することで計算コストを削減できるということだけ
頭に入れておきましょう．

Library　**SciPy による全対角化**

行列の固有値・固有ベクトルを計算する関数は，scipy.linalg モジュール⊙B.7節
に含まれています．行列の性質によって，以下の関数を使い分けます．

- eig：一般的な実行列または複素行列
- eigh：実対称行列またはエルミート行列
- eig_banded：実対称またはエルミートな帯行列
- eigh_tridiagonal：実対称三重対角行列

どの関数も，内部で LAPACK ライブラリを使用します．ここでは，計算物理でもっ
とも使用頻度の高い eigh の使い方を取り上げます．

公式ドキュメントによると，scipy.linalg.eigh のインターフェースは次のよう
になっています．

```
scipy.linalg.eigh(a, b=None, lower=True, eigvals_only=False, overwrite_a=False,
        overwrite_b=False, turbo=True, eigvals=None, type=1, check_finite=True,
        subset_by_index=None, subset_by_value=None, driver=None)
```

必須となる引数は，a の 1 つだけです．LAPACK を使用したことのある方なら，
LAPACK の関数の使用方法が煩雑なことはご存知かと思います．SciPy などの多
くの Python ライブラリでは，ユーザーが最小限のインプットだけで計算を実行で
きるように，元の関数の実行に必要なパラメータは自動的にセットされます．この
ように，ユーザーフレンドリーなインターフェースで定番の科学計算ライブラリを
使用できるのも，Python の魅力の 1 つです．

引数のうち，代表的なものを**表 4.1**(上)に列挙します．なお，この eigh 関数は一
般化固有値問題注2 にも対応しています．その場合は，一般化固有値問題を定義する
追加の行列 B を変数 b に与えます．

戻り値は表 4.1(下)のとおりです．固有値は実数で昇順にソートされています．固
有ベクトルは規格化された縦ベクトルとして保存されています．したがって，v は
ユニタリー行列です．

注2　一般化固有値問題は，2 つの正方行列 A, B に対して，$Av = \lambda Bv$ を満たす固有値 λ と固有ベクト
ル v を求める問題です（type=1 の場合）．通常の固有値問題は，B が単位行列の場合に対応します．

表 4.1　scipy.linalg.eigh 関数のおもな引数と戻り値

引数	説明
a（np.ndarray(N, N)）	対角化したい行列 A
lower（bool）	a の下三角部分のデータを使う場合は True，上三角部分の場合は False
eigvals_only（bool）	True にすると固有ベクトルは計算されない（計算時間の節約になる）．
overwrite_a（bool）	True にすると a が上書きされる（その分，計算が少し速くなる）．
戻り値	説明
w（np.ndarray(N,)）	固有値
v（np.ndarray(N, N)）	固有ベクトル（ただし，eigvals_only=True の場合のみ）

scipy.linalg.eigh 関数は，入力された行列がエルミートかどうかはチェックしないので注意してください．エルミート行列を仮定して，左下半分の要素のみが使われます（lower オプション）．安全なコードにするなら，eigh を呼び出す前に，行列がエルミートになっているかを自分で判定する必要があります．

◆——疎行列の対角化

コンピュータのメモリ上に保持できないほどの大きな行列でも，最大固有値（あるいは最小固有値）を求める方法があります．行列－ベクトル演算 $H\psi$ を基本とする**反復法**（**iterative method**）です．行列 H が疎行列の場合に，とくに有効です．計算コストは，全対角化よりも次数の低い $\mathcal{O}(N^2)$ です．

ここでは，反復法の中でもっともシンプルな**べき乗法**（**power method**）を紹介します．いま，行列 H としてエルミート行列を考えます．固有値は実数です．固有値はすべて正であるとし，大きい順にラベル付けします（$a_1 > a_2 > \cdots > a_N \geq 0$）．適当な試行ベクトル $\psi^{(0)}$ を用意し，これを $\{\phi_n\}$ で展開した係数を $\{c_n\}$ とします．

$$\psi^{(0)} = \sum_{n=1}^{N} c_n \phi_n \tag{4.12}$$

これに行列 H を繰り返し作用させると，M 回作用させたベクトル $\psi^{(M)}$ は

$$\psi^{(M)} \equiv H^M \psi^{(0)} = \sum_{n=1}^{N} c_n a_n^M \phi_n \tag{4.13}$$

で与えられます．M が十分大きければ，$a_1^M \gg a_2^M \gg \cdots \gg a_N^M$ が成り立ちます．

したがって, $\boldsymbol{\psi}^{(M)}$ は $\boldsymbol{\phi}_1$ に収束します.

$$\boldsymbol{\psi}^{(M)} \propto \boldsymbol{\phi}_1 + \mathcal{O}\left(\left(\frac{a_2}{a_1}\right)^M\right) \tag{4.14}$$

固有値の比 a_2/a_1 が 1 に近い場合には, 収束が遅くなります. これは, 反復法に共通する性質です. 固有値が縮退している場合 ($a_1 = a_2$) には, 縮退した固有ベクトルの任意の線形結合が得られます. 収束は, その次の固有値との比 a_3/a_1 で決まります.

同様の手順を $\boldsymbol{\phi}_1$ に直交する空間で行えば, $\boldsymbol{\phi}_2$ が得られます[注3]. このようにして, 最大固有値から順に固有値・固有ベクトルを求めていくことができます.

べき乗法はシンプルですが, 収束はあまり速くありません. **ランチョス法**(**Lanczos method**) は反復法の 1 つで, 効率よく最大固有値が得られるアルゴリズムです. ハミルトニアンから基底状態を求めるのに広く使われています. エルミート行列でない一般の行列には, アーノルディ法 (Arnoldi method) とよばれる方法があります. ランチョス法は, アーノルディ法の特殊な場合です. 本書では, これらのアルゴリズムの詳細は解説しません. たとえば, 文献[10]を参照してください.

| Library | **SciPy による疎行列の対角化** |

疎行列に対する対角化アルゴリズムを利用して計算するには, scipy.sparse.linalg モジュール➡B.7節を使用します. 以下の関数があります.

- eigs : 一般実行列および一般複素行列
- eigsh : 実対称行列およびエルミート行列

どちらの関数も, 内部で ARPACK ライブラリを使用します. ここでは eigsh 関数の使用方法を解説します.

公式ドキュメントによると, eigsh 関数の引数は以下のようになっています.

```
scipy.sparse.linalg.eigsh(A, k=6, M=None, sigma=None, which='LM', v0=None, ncv=None,
    maxiter=None, tol=0, return_eigenvectors=True, Minv=None, OPinv=None,
    mode='normal')
```

引数のうち, 代表的なものを**表 4.2**(上)に列挙します. 内部で使用する ARPACK

注3　直交化は, $\boldsymbol{\psi}^{(0)} - (\boldsymbol{\psi}^{(0)} \cdot \boldsymbol{\phi}_1)\boldsymbol{\phi}_1$ で実行できます. H を作用させるたびにこの直交化を行い, 数値誤差により $\boldsymbol{\phi}_1$ が混ざらないようにします.

表 4.2　eigsh 関数のおもな引数と戻り値

引数	説明
A（scipy.sparse.spmatrix (N, N)）	対角化したい行列 A
k（int）	求める固有値・固有ベクトルの数
sigma（float）	固有値 λ を $\lambda' = 1/(\lambda - \sigma)$ に変換し，λ' に対して which オプションで指定された条件を適用する（shift-invert mode とよぶ）．sigma 付近の固有値が選ばれるようになる．
which（str）	求める固有値の種類を指定する．以下の中から選択． • 'LM'：絶対値が最大 • 'SM'：絶対値が最小 • 'LA'：最大値 • 'SA'：最小値
return_eigenvectors（bool）	False なら固有ベクトルを計算しない．
戻り値	説明
w（np.ndarray (k,)）	固有値
v（np.ndarray (N, k)）	固有ベクトル

は（あるいは一般に反復法は），基本的には絶対値が最大の固有値を求める場合に適したアルゴリズムです．したがって，小さい固有値を求めたい場合（which='SM'）には，sigma 変数を使用することが推奨されています．

　戻り値は，表 4.2(下)のとおりです．固有値は実数で，which オプションで指定した条件の順番で得られます．

4.3 | 例題 量子非調和振動子

　この節では，時間に依存しないシュレディンガー方程式(4.1)を実際に解きます．ポテンシャル $V(x)$ として，次の関数形を考えます．

$$V(x) = \frac{1}{2}m\omega^2 x^2 + \alpha x^4 \tag{4.15}$$

第 1 項は調和振動子のポテンシャル，第 2 項は非調和項です．$\alpha = 0$ であれば調和振動なので簡単に解くことができますが，$\alpha \neq 0$ の場合は非調和振動となり解析的には解けません．固有エネルギーや固有関数が，α によってどのように変化するかを調べてみましょう．

◆──無次元化

時間依存シュレディンガー方程式➡3.5節では，基準量 T と X を導入し，変数 t と x をそれぞれ無次元化しました．いま考えている非調和振動子系の場合は，調和振動子極限（$\alpha = 0$）のエネルギー量子 $\hbar\omega$ を基準にするのがわかりやすいでしょう．対応する長さは $a = \sqrt{\hbar/m\omega}$ です．これらの量でエネルギーと空間座標をそれぞれ無次元化した，新しい変数 $\epsilon = E/\hbar\omega$ と $\xi = x/a$ を導入します．すると，固有値方程式(4.1)は

$$\left[\frac{1}{2}\left(-\frac{d^2}{d\xi^2} + \xi^2\right) + \alpha'\xi^4\right]\psi(\xi) = \epsilon\psi(\xi) \tag{4.16}$$

と書き換えられます．ここで，α' は $\alpha' = \hbar\alpha/m^2\omega^3$ で定義される，非調和性を特徴づける無次元パラメータです．もともとの方程式は3つのパラメータ（m, ω, α）をもっていましたが，無次元化することで，実は1つのパラメータ α' だけで解が決まることがわかります．

◆──実装

ここでは，空間座標を離散化する方法（式(4.2)）で実装します注4．座標 ξ の範囲を $[-x_{\max}, x_{\max}]$ と表し，$x_{\max} = 10$（変数 x_max）とします．分割数は nx=1001，非調和パラメータ α'（anharmonicity）はとりあえず0とし，解析解と比較します．

プログラム 4.1 anharmonic.py

```
 1: import numpy as np
 2: from scipy import linalg
 3: from scipy import sparse
 4: from differential import make_differential_ops
         # differential.pyから関数をインポート
 5:
 6: # 量子非調和振動子の固有エネルギーと固有関数を求める関数
 7: def solve_anharmonic(x_max, nx, anharmonicity, file_val="eigenval.dat",
         file_vec="eigenvec.dat", n_vec=10):
 8:
 9:     print("making Hamiltonian...")
10:     x = np.linspace(-x_max, x_max, nx)  # x点の配列を生成
11:     assert x.shape == (nx,)  # 配列のshapeを確認 ❶
12:     dx = x[1] - x[0]
13:     print("dx =", dx)
14:
15:     # ポテンシャル項
```

注4　今回の問題設定では，$\alpha = 0$ における固有関数が解析的に求められる（エルミート多項式で表される）ので，それを用いてハミルトニアンの行列要素(4.4)を表し，式(4.3)の固有値方程式を解く方法も有力です．

```
16:        v_diag = 0.5 * x**2 + anharmonicity * x**4  # 対角成分 ❷
17:        v_matrix = sparse.diags(v_diag)  # 対角行列を生成
18:        assert v_matrix.shape == (nx, nx)  # 配列のshapeを確認
19:
20:        # 運動エネルギー項 -(1/2) d^2/dx^2
21:        _, deriv2, _ = make_differential_ops(nx, dx)  # 2階微分を表す行列D^2 ❸
22:        assert isinstance(deriv2, sparse.spmatrix)  # deriv2は疎行列クラス
23:        kin_matrix = -0.5 * deriv2  # 疎行列からNumPy配列に変換
24:        assert kin_matrix.shape == (nx, nx)  # 配列のshapeを確認
25:
26:        # ハミルトニアン行列
27:        h_matrix = v_matrix + kin_matrix
28:
29:        # 対角化
30:        print("diagonalizing Hamiltonian...")
31:        eigval, eigvec = linalg.eigh(h_matrix.toarray())  # 対角化 ❹
32:        assert eigval.shape == (nx,)
33:        assert eigvec.shape == (nx, nx)
34:        eigvec /= np.sqrt(dx)  # 固有ベクトルを規格化（結果がdxに依存しないように）❺
35:
36:        # 固有値・固有ベクトルをファイルに保存
37:        print("saving results...")
38:        np.savetxt(file_val, eigval)
39:        np.savetxt(file_vec, np.hstack([x[:, None], eigvec[:, :n_vec]]))  # ❻
40:
41:        return eigval, eigvec
42:
43:    def main():
44:        nx = 1001  # x点の数
45:        x_max = 10  # xの範囲 [-x_max, x_max]
46:        anharmonicity = 0  # 非調和パラメータ alpha'
47:        eigval, _ = solve_anharmonic(x_max, nx, anharmonicity, n_vec=61)
48:
49:        # 固有値を出力
50:        for i in range(4):
51:            print(f"E[{i}] = {eigval[i]:.8f}")  # 小数点以下8桁まで出力
52:
53:    if __name__ == '__main__':
54:        main()
```

解説

ポテンシャル項の作成（10～18 行目）　まずは，ポテンシャル $V(\xi) = \xi^2/2 + \alpha' \xi^4$ を対角要素にもつ対角行列を作ります．変数 x は，無次元座標 ξ を -x_max から x_max の間で等間隔に離散化した nx 成分の 1 次元配列です．❶assert 文を使って，得られた配列 x の形（shape）を確認しています➔A.9節．以降も同様の assert 文を書いて，配列の shape が一目でわかるようにしています．❷ポテンシャル $V(\xi_i)$ をもつ 1 次元配列は，NumPy の演算規則を使用すると，このように数式どおりに

表せます. x**2 や x**4 は, 配列の成分ごとの演算です📍1.2.4項. この 1 次元配列
を sparse.diags 関数に与えることで, 疎行列として対角行列を生成できます.

運動エネルギー項の作成 (20〜24 行目)　次に, 運動エネルギー項 $H_{\mathrm{kin}} = -(1/2)D^{(2)}$
を作ります. 2 階微分を表す行列 $D^{(2)}$ の生成には, 3.4 節の例題で作成した関数を
再利用します. differential.py を anharmonic.py と同じディレクトリにおけば,
関数をインポートして使用できます. ❸関数 make_differential_ops は 3 つの戻
り値 (行列 $D^{(1)}$, $D^{(2)}$, $D^{(3)}$ に対応) を返しますが, ここでは 2 つめ以外は不
要なので, アンダースコア (_) で受け取ります📍A.5節.

ハミルトニアンの対角化 (29〜39 行目)　❹今回は全対角化を行って, すべての固
有値・固有ベクトルを計算します. 密行列 (通常の NumPy 配列) 用の関数
scipy.linalg.eigh を使うには, toarray() メソッドで疎行列を NumPy 配列
に変換してから与える必要があります📍3.2節.

　❺eigh 関数が返す固有ベクトルは, $\sum_i |\psi(\xi_i)|^2 = 1$ で規格化されています. こ
のままだと $\psi(\xi)$ が ξ 座標の間隔 dx に依存してしまいます. そこで, 物理的な規
格化条件 $\int d\xi |\psi(\xi)|^2 \approx \mathrm{dx} \sum_i |\psi(\xi_i)|^2 = 1$ を満たすように, 固有ベクトルを規
格化し直します.

　最後に, 固有値・固有ベクトルをファイルに保存します. ここでは np.savetxt 関
数📍B.6節を使ってテキストファイルに保存し, 外部ソフトウェアでグラフを作成しま
す. ❻固有ベクトルの書き出しでは, あとでグラフを描きやすいように, np.hstack
関数📍B.3節を使って 1 列目に座標 ξ, 2 列目以降に固有ベクトル $\psi_1(\xi)$, $\psi_2(\xi)$, …
が並ぶようにしています. None は np.newaxis と等価で, 1 次元配列に軸を足し
て 2 次元配列とみなす記法です📍B.5節.

　ここでは, 調和振動子 ($\alpha = 0$) の結果を示し, 解析解と比較します. スクリプ
ト anharmonic.py を実行すると, 以下の出力が得られます. 実行時間は 1 秒程度で
す. 固有値と固有ベクトルはファイルに出力されます.

実行結果

```
making Hamiltonian...
dx = 0.019999999999999574
diagonalizing Hamiltonian...
saving results...
E[0] = 0.49998750
E[1] = 1.49993750
E[2] = 2.49983749
E[3] = 3.49968747
```

　最低エネルギー ϵ_0 が 0 ではない値 $\epsilon_0 \approx 0.5$ をもつことが確認できます. これは
零点振動 (あるいは零点エネルギー) とよばれ, 量子力学では, 粒子の位置と運動

量を同時に定めることができない（$x = 0$ で静止することができない）という不確定性原理に由来するものです.

図 4.1 は, 固有エネルギー ϵ_n を n の関数としてグラフにしたものです. 直線は解析解 $\epsilon_n = n + 1/2$ を表します. $n \lesssim 40$ で数値解と解析解が一致していますが, $n \gtrsim 40$ でずれが見られます. この要因としては, 以下の 2 つが考えられます.

（1）波動関数の変動が大きくなり差分の誤差が無視できなくなった.
（2）波動関数の広がりが端（x_max）まで達して端の影響が出てしまった.

要因(1)の場合には, 座標点の数 nx を増やすことで誤差を減らせます. そこで, nx=1001 を nx=2001 に増やして再計算したところ, ほとんど改善されませんでした. したがって, 要因(1)は排除され, 要因(2)であると推測できます.

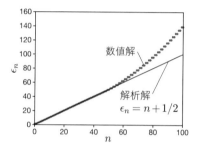

図 4.1 無次元化された固有エネルギー $\epsilon_n = E_n/\hbar\omega$

固有関数 $\psi_n(\xi)$ を**図 4.2** に示します. 図(a)は $n = 2$ の場合で, 解析解 $\psi_2(\xi) = (2\xi^2 - 1)e^{-\xi^2/2}/\sqrt{2\sqrt{\pi}}$ と完全に一致していることが確認できます. 端で波動関数の振幅がゼロになっているため, 端の影響はありません. また, 関数の極小・極大

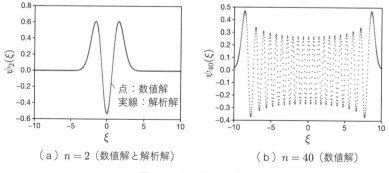

（a）$n = 2$（数値解と解析解）   （b）$n = 40$（数値解）

図 4.2 固有関数 $\psi_n(\xi)$

も十分表現できています．図(b)は $n = 40$ の場合です．端において波動関数の振幅が有限に残っていることが確認できます．このことから，エネルギー固有値 ϵ_n の解析解とのずれは端の影響による（要因(2)）と結論できます．$n \gtrsim 40$ の固有値・固有ベクトルを得るためには，x_max を大きくする必要があります．

> **課題 4.1**　非調和ポテンシャル $\alpha > 0$ を加えると，エネルギー固有値の間隔は等間隔ではなくなります．どのように変わるでしょうか．高エネルギーの固有値ほど間隔が狭くなる，もしくは広くなるでしょうか？

4.4 | 例題 スピン演算子

この節は，スピン演算子の交換関係や対角化といった基礎事項の確認です．ハイゼンベルグ模型➎4.5節やハバード模型➎4.6節の解析の準備にもなります．

◆——交換関係

表現行列(4.10)を使って，スピン演算子の交換関係を計算してみます．まずは，スピン演算子の基本的な交換関係(4.5)〜(4.7)を確認してみましょう．コード上では，$\hbar = 1$ と無次元化します．スピン演算子には必ず $\hbar$ がかかるので，必要に応じて $\hbar$ を付与すれば次元を戻せます．

プログラム 4.2 spin.py

```python
 1: import numpy as np
 2:
 3: # スピン行列を生成する関数
 4: def make_spin_ops():
 5:     ops = {}  # 辞書型にまとめて返す
 6:
 7:     # S^x, S^y, S^z
 8:     ops['Sx'] = np.array([[0, 1], [1, 0]]) / 2
 9:     ops['Sy'] = np.array([[0, -1j], [1j, 0]]) / 2
10:     ops['Sz'] = np.array([[1, 0], [0, -1]]) / 2
11:
12:     # S^+, S^-
13:     ops['S+'] = np.array([[0, 1], [0, 0]])
14:     ops['S-'] = np.array([[0, 0], [1, 0]])
15:
16:     # 単位行列
17:     ops['I'] = np.identity(2)
18:     return ops
19:
```

```
20: # 交換関係
21: def commutation(mat1, mat2):
22:     return mat1 @ mat2 - mat2 @ mat1
23:
24: def main():
25:     # スピン行列を生成
26:     sp_ops = make_spin_ops()
27:     sx = sp_ops['Sx']
28:     sy = sp_ops['Sy']
29:     sz = sp_ops['Sz']
30:
31:     # スピン行列を出力
32:     print("Sx =\n", sx)
33:     print("Sy =\n", sy)
34:     print("Sz =\n", sz)
35:
36:     # 交換関係を計算して出力
37:     print("\nCommutation relations")
38:     print("[Sx, Sy] =\n", commutation(sx, sy))  # = i Sz
39:     print("[Sy, Sz] =\n", commutation(sy, sz))  # = i Sx
40:     print("[Sz, Sx] =\n", commutation(sz, sx))  # = i Sy
41:
42: if __name__ == '__main__':
43:     main()
```

解説

make_spin_ops 関数（3〜18 行目） 式(4.10)の S^x, S^y, S^z だけでなく，あとのために，昇降演算子の表現行列 $S^{\pm} = S^x \pm iS^y$ および単位行列も作ります．6 つの行列を返すので，戻り値は辞書型にしました．Python では何個でも戻り値を返すことができますが，このように 1 つの辞書にまとめると，戻り値の順番を意識しなくてよいという点や，あとから戻り値を追加した場合に，この関数をすでに呼び出しているコードを変更する必要がないという点がメリットです⊙A.5節.

commutation 関数（20〜22 行目） 2 つの行列の交換関係を計算して返す関数です．演算子が行列表現されているので，演算子どうしの積は行列積になります．行列積には記号 @ を使用します．記号 * ではないので注意してください⊙1.2.5項.

main 関数（24〜40 行目） 以上の関数を順に呼び出して，結果を出力します.

実行結果は以下のとおりです.

実行結果

```
Sx =
[[0.  0.5]
 [0.5 0. ]]
Sy =
[[ 0.+0.j  -0.-0.5j]
 [ 0.+0.5j  0.+0.j ]]
```

```
Sz =
[[ 0.5  0. ]
 [ 0.  -0.5]]

Commutation relations
[Sx, Sy] =
[[0.+0.5j 0.+0.j ]
 [0.+0.j  0.-0.5j]]
[Sy, Sz] =
[[0.+0.j  0.+0.5j]
 [0.+0.5j 0.+0.j ]]
[Sz, Sx] =
[[ 0.   0.5]
 [-0.5  0. ]]
```

スピンの表現行列(4.10)が正しく生成されていること，および交換関係(4.5)〜(4.7)が満たされていることが確認できます.

課題 4.2 スピン演算子の表現行列を使って，以下の関係式を確認しましょう.

$$[\hat{S}^z, \hat{S}^+] = \hat{S}^+, \quad [\hat{S}^z, \hat{S}^-] = -\hat{S}^-, \quad \hat{\boldsymbol{S}}^2 = \frac{3}{4} \tag{4.17}$$

◆——対角化

次に，式(4.10)の行列を，量子化軸を x 軸にとった表現に変換してみます. S^x を対角化する基底を $|\tilde{\uparrow}\rangle$，$|\tilde{\downarrow}\rangle$ で表します. すると，式(4.8)の代わりに

$$\hat{S}^x|\tilde{\uparrow}\rangle = \frac{\hbar}{2}|\tilde{\uparrow}\rangle, \quad \hat{S}^x|\tilde{\downarrow}\rangle = -\frac{\hbar}{2}|\tilde{\downarrow}\rangle \tag{4.18}$$

が成り立ちます. $|\tilde{\uparrow}\rangle$，$|\tilde{\downarrow}\rangle$ を基底とする表現行列を $\tilde{\boldsymbol{S}}$ と表すと，その x 成分は対角化されています.

$$\tilde{S}^x = \begin{pmatrix} \langle\tilde{\uparrow}|\hat{S}^x|\tilde{\uparrow}\rangle & \langle\tilde{\uparrow}|\hat{S}^x|\tilde{\downarrow}\rangle \\ \langle\tilde{\downarrow}|\hat{S}^x|\tilde{\uparrow}\rangle & \langle\tilde{\downarrow}|\hat{S}^x|\tilde{\downarrow}\rangle \end{pmatrix} = \frac{\hbar}{2}\begin{pmatrix} 1 & 0 \\ 0 & -1 \end{pmatrix} \tag{4.19}$$

これは式(4.10)の S^z と同じ行列です. このように，表現行列は基底に依存します. 2つの表現行列 $\boldsymbol{S}$ と $\tilde{\boldsymbol{S}}$ の各成分 $\xi = x, y, z$ は，次の関係で結ばれています.

$$\langle\tilde{\sigma}|\hat{S}^\xi|\tilde{\sigma}'\rangle = \sum_{\sigma\sigma'} \langle\tilde{\sigma}|\sigma\rangle\langle\sigma|\hat{S}^\xi|\sigma'\rangle\langle\sigma'|\tilde{\sigma}'\rangle \tag{4.20}$$

この式変形では，完備関係式あるいは閉包（closure）とよばれる，状態ベクトルの完全性を表す関係式 $\sum_\sigma |\sigma\rangle\langle\sigma| = 1$ を使いました. 右辺の最後の因子 $\langle\sigma'|\tilde{\sigma}'\rangle \equiv U_{\sigma'\tilde{\sigma}'}$

は，状態ベクトル $|\tilde{\sigma}'\rangle$ を基底 $|\sigma'\rangle$ で展開した係数です．この行列 U が行列 S^x の固有値問題を解くことで求められます．行列 U を使うと，式(4.20)は行列の関係式として次のように表されます．

$$\tilde{S}^\xi = U^\dagger S^\xi U \tag{4.21}$$

$U^\dagger$ は U のエルミート行列です．

それでは，式(4.21)により表現行列 $\tilde{S}^\xi$ を計算します．コードを以下に示します．

プログラム 4.3　spin_diag.py

```python
 1: import numpy as np
 2: from scipy import linalg
 3: from spin import make_spin_ops  # spin.pyから関数をインポート
 4:
 5: def main():
 6:     # スピン行列を生成
 7:     sp_ops = make_spin_ops()
 8:     sx = sp_ops['Sx']
 9:     sy = sp_ops['Sy']
10:     sz = sp_ops['Sz']
11:
12:     # Sxを対角化
13:     eigval, eigvec = linalg.eigh(sx)  # 対角化 ❶
14:     print("Eigenvalues =\n", eigval)
15:     print("Eigenvectors (column vectors)=\n", eigvec)
16:
17:     # U = <z|x>
18:     #   |x> : Sxの固有ベクトル
19:     #   |z> : Szの固有ベクトル
20:     u = eigvec
21:
22:     # 量子化軸をzからxに変更（表現行列を変換）❷
23:     sx_2 = u.conj().T @ sx @ u
24:     sy_2 = u.conj().T @ sy @ u
25:     sz_2 = u.conj().T @ sz @ u
26:     print("\nAfter basis transform")
27:     print("Sx' =\n", sx_2.round(10))  # 四捨五入 ❸
28:     print("Sy' =\n", sy_2.round(10))
29:     print("Sz' =\n", sz_2.round(10))
30:
31: if __name__ == '__main__':
32:     main()
```

解説

❶行列 S^x の固有値・固有ベクトルを計算します．eigvec が固有ベクトルを縦ベクトルとしてもつ行列 U です．❷式(4.21)により，基底変換を行います．u.conj().T はエルミート共役を表します（複素共役＋転置）．❸round は指定された桁（この例では

小数点以下 10 桁）で四捨五入をするメソッドです．丸め誤差を除去しています．

実行結果を以下に示します．

実行結果

```
Eigenvalues =
[-0.5  0.5]
Eigenvectors (column vectors)=
[[-0.70710678  0.70710678]
 [ 0.70710678  0.70710678]]

After basis transform
Sx' =
[[-0.5 -0. ]
 [ 0.   0.5]]
Sy' =
[[0.+0.j  0.+0.5j]
 [0.-0.5j 0.-0.j ]]
Sz' =
[[-0.  -0.5]
 [-0.5 -0. ]]
```

$\tilde{S}^x$ が対角化されていることが確認できます．また，式(4.10)の行列と比べると，$\tilde{S}^x = -S^z$，$\tilde{S}^y = -S^y$，$\tilde{S}^z = -S^x$ という関係が確認できます．したがって，変換後の基底は，x 軸を量子化軸とした左手系の基底になっているといえます．

課題 4.3 x 軸を量子化軸とした右手系の表現を得るには，どのような変換を行えばよいでしょうか．変換のユニタリー行列 U を変えて試してみましょう．U を作る際の固有ベクトルの順番や位相，行列式 $\det U$ に注目してください．

4.5 | 例題 ハイゼンベルグ模型——量子スピン系

スピン間の交換相互作用を考慮した**ハイゼンベルグ模型**（**Heisenberg model**）は，磁性の研究で頻繁に用いられます．ハミルトニアンは，次のように表されます．

$$\hat{\mathcal{H}} = \frac{1}{2} \sum_{ij} J_{ij} \hat{\boldsymbol{S}}_i \cdot \hat{\boldsymbol{S}}_j \tag{4.22}$$

ここで，i, j はスピンを区別するラベルで，1 から N の整数とします．異なるラベルのスピン演算子は交換します．したがって，式(4.5)〜(4.7)を含む完全な交換関係は，次式で与えられます．

$$[\hat{S}_i^a, \hat{S}_j^b] = i\hbar\delta_{ij} \sum_c \epsilon_{abc} \hat{S}_i^c \qquad (4.23)$$

ここで，$a, b = x, y, z$ で ϵ_{abc} は $\epsilon_{xyz} = +1$ を満たす完全反対称テンソルです．

ハイゼンベルグ模型では 2 体相互作用ですべてのスピンがつながっているので，全系の多体状態ベクトルを考える必要があります．具体的には，$\sigma_i = \uparrow, \downarrow$ として，

$$|\sigma_1\rangle \otimes |\sigma_2\rangle \otimes \cdots \otimes |\sigma_N\rangle \equiv |\sigma_1\sigma_2\cdots\sigma_N\rangle \qquad (4.24)$$

で状態ベクトルが表されます．記号 $\otimes$ は直積を表します．この N スピン系のベクトル空間の次元は 2^N です．したがって，ハミルトニアンは $2^N \times 2^N$ 行列です．10 スピン程度（$2^{10} \approx 10^3$）なら，すべての固有値・固有ベクトルを計算することができます．また，疎行列に対する最大固有値を求めるアルゴリズム◉4.2節を使えば，20 スピン（$2^{20} \approx 10^6$）以上を扱えます．しかし，熱力学極限にはまだまだ遠いことがわかります．多体問題を正確に解くことの難しさがわかると思います注5．

本節では，$N = 2$ と $N = 3$ の場合の固有値・固有ベクトルを計算し，量子力学的な重ね合わせによって表される多体の量子状態を見てみます．

◆──2 スピン模型

まずは練習のために，2 スピン系（$N = 2$）から考えます．式(4.22)のハミルトニアンにおいて $J_{12} = J_{21} = J$ とすると，ハミルトニアンは次のようになります．

$$\hat{\mathcal{H}} = J\hat{\boldsymbol{S}}_1 \cdot \hat{\boldsymbol{S}}_2 = J\left[\hat{S}_1^z\hat{S}_2^z + \frac{1}{2}(\hat{S}_1^+\hat{S}_2^- + \hat{S}_1^-\hat{S}_2^+)\right] \qquad (4.25)$$

この系の量子状態は $|\uparrow\uparrow\rangle$, $|\uparrow\downarrow\rangle$, $|\downarrow\uparrow\rangle$, $|\downarrow\downarrow\rangle$ の 4 つなので，ハミルトニアンは 4×4 行列として表されます．$J > 0$ のとき，2 つのスピンが互いに反平行の状態（反強磁性状態）のエネルギーが低くなります．そのような状態は，$|\uparrow\downarrow\rangle$ と $|\downarrow\uparrow\rangle$ の 2 つあります（**図 4.3**）．しかし，これらの状態は基底状態ではありません．ハミルトニアン(4.25)の固有状態になっていないからです．真の基底状態は，$|\uparrow\downarrow\rangle$ と $|\downarrow\uparrow\rangle$ の量子力学的な重ね合わせ状態です．

基底状態を求めるために，ハミルトニアンの表現行列を導きます．例として，$\hat{S}_1^+\hat{S}_2^-$ 項の行列要素を計算します．

注5　1 次元の格子模型に限れば，密度行列くり込み群法[10]という手法で大きな系を扱うことができます．しかし，2 次元以上の系を扱う汎用的な計算方法はなく，手法開発は重要な研究テーマとなっています．

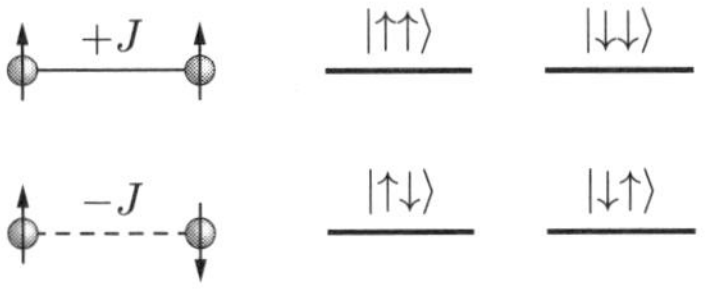

図 4.3 2 スピン間の相互作用と古典的な 2 スピン状態

$$\langle \sigma_1 \sigma_2 | \hat{S}_1^+ \hat{S}_2^- | \sigma_1' \sigma_2' \rangle = \langle \sigma_1 | \hat{S}_1^+ | \sigma_1' \rangle \langle \sigma_2 | \hat{S}_2^- | \sigma_2' \rangle \tag{4.26}$$

2 つの異なるスピンを表す状態ベクトル $|\sigma_1'\rangle$ と $|\sigma_2'\rangle$ の直積状態 $|\sigma_1' \sigma_2'\rangle \equiv |\sigma_1'\rangle \otimes |\sigma_2'\rangle$ でスピン演算子を挟んだ場合，各状態ベクトルはそれぞれ対応するスピン演算子に作用することに注意してください．この行列要素をもつ 4×4 の行列は，クロネッカー積 $\otimes$（定義は式 (3.49) を参照）を用いて表すことができます．

$$\hat{S}_1^+ \hat{S}_2^- \to S^+ \otimes S^- \equiv \begin{pmatrix} 0 & 1 \\ 0 & 0 \end{pmatrix} \otimes \begin{pmatrix} 0 & 0 \\ 1 & 0 \end{pmatrix} = \begin{pmatrix} 0 & 0 & 0 & 0 \\ 0 & 0 & 1 & 0 \\ 0 & 0 & 0 & 0 \\ 0 & 0 & 0 & 0 \end{pmatrix} \tag{4.27}$$

このように，ハミルトニアンの表現行列を得るには，スピン演算子を 1 スピン演算子に対する 2×2 行列で置き換え，それらのクロネッカー積をとればよいことがわかります．このとき，スピン演算子を添え字の順番に並べることに注意してください．同様の計算をハミルトニアン (4.25) のすべての項に対して行うと，ハミルトニアンの表現行列が得られます．

$$H = \frac{J}{4} \begin{pmatrix} 1 & 0 & 0 & 0 \\ 0 & -1 & 2 & 0 \\ 0 & 2 & -1 & 0 \\ 0 & 0 & 0 & 1 \end{pmatrix} \tag{4.28}$$

この行列は解析的に簡単に対角化できますが，あとで $N = 3$ に応用するために，あえてハミルトニアンの生成から対角化まで数値的に行います．$J = 1$ として計算をします．したがって，得られるエネルギー固有値は J で規格化されている（E/J が得られた）と解釈します．

プログラム 4.4 two_spins.py

```
1: import numpy as np
2: from scipy import linalg
3: from spin import make_spin_ops  # spin.pyから関数をインポート
4:
```

```
 5: def main():
 6:     # 1スピン演算子を取得
 7:     sp_ops = make_spin_ops()
 8:     sz = sp_ops['Sz']
 9:     sp = sp_ops['S+']
10:     sm = sp_ops['S-']
11:     assert sz.shape == sp.shape == sm.shape == (2, 2)  # 行列サイズを確認
12:
13:     # 2スピン系のハミルトニアンを生成
14:     hamil = np.kron(sz, sz) + (np.kron(sp, sm) + np.kron(sm, sp)) / 2.0
15:     assert hamil.shape == (4, 4)  # 行列サイズを確認
16:     print("H =\n", hamil)
17:
18:     eigval, eigvec = linalg.eigh(hamil)  # 対角化
19:
20:     print("Eigenvalues =\n", eigval)
21:     print("Eigenvectors =")
22:     for i in range(4):
23:         print(eigvec[:, i])  # 固有ベクトルは縦ベクトルであることに注意
24:
25: if __name__ == '__main__':
26:     main()
```

解説

　式(4.25)のハミルトニアンを表す 4×4 行列を作って対角化をします．クロネッカー積は np.kron 関数で実行できます．ハミルトニアンはエルミートなので，エルミート行列用の対角化ルーチン scipy.linalg.eigh ◉p.97 を使って固有値・固有ベクトルを計算します．

実行結果は以下のとおりです．

実行結果

```
H =
 [[ 0.25  0.    0.    0.  ]
 [ 0.   -0.25  0.5   0.  ]
 [ 0.    0.5  -0.25  0.  ]
 [ 0.    0.    0.    0.25]]
Eigenvalues =
 [-0.75  0.25  0.25  0.25]
Eigenvectors =
[ 0.          0.70710678 -0.70710678  0.        ]
[1. 0. 0. 0.]
[0.          0.70710678 0.70710678 0.        ]
[0. 0. 0. 1.]
```

　Hの出力から，式(4.28)のハミルトニアンが正しく生成されていることが確認できます．Eigenvalues の出力から，エネルギーが $-3/4$ のスピン一重項とエネルギーが $1/4$ のスピン三重項に分かれていることが確認できます．つまり，エネルギー分

裂の大きさは J です．交換相互作用は全エネルギーは変えないので，全固有値の和がゼロになっていることが確認できます．最後に，Eigenvectors 以下の出力から，スピン一重項の固有関数は

$$\frac{1}{\sqrt{2}}(|\uparrow\downarrow\rangle - |\downarrow\uparrow\rangle) \tag{4.29}$$

スピン三重項の固有関数は

$$|\uparrow\uparrow\rangle, \quad \frac{1}{\sqrt{2}}(|\uparrow\downarrow\rangle + |\downarrow\uparrow\rangle), \quad |\downarrow\downarrow\rangle \tag{4.30}$$

になっていることが確認できます（$0.70710678 \approx 1/\sqrt{2}$ です）．このように，反強磁性量子スピン系の基底状態は，古典的に縮退した状態が量子力学的に重ね合わされた一重項になっていることが確認できました．

◆——3 スピン模型

さて，ここまでは練習です．次に，三角形状につながった 3 スピン系（$N = 3$）を考えます．J_{ij} がすべて等しいとすると，式(4.22)のハミルトニアンは

$$\hat{\mathcal{H}} = J(\hat{\boldsymbol{S}}_1 \cdot \hat{\boldsymbol{S}}_2 + \hat{\boldsymbol{S}}_2 \cdot \hat{\boldsymbol{S}}_3 + \hat{\boldsymbol{S}}_3 \cdot \hat{\boldsymbol{S}}_1) \tag{4.31}$$

と表されます．相互作用は反強磁性的 $J > 0$ とします．状態空間は $2^3 = 8$ 次元です．$N = 2$ の場合と異なり，すべての相互作用エネルギーを得るような反強磁性状態は作れません．たとえば $|\uparrow\downarrow\uparrow\rangle$ 状態は，$\hat{\boldsymbol{S}}_1 \cdot \hat{\boldsymbol{S}}_2$ と $\hat{\boldsymbol{S}}_2 \cdot \hat{\boldsymbol{S}}_3$ の相互作用エネルギーは得しますが，$\hat{\boldsymbol{S}}_3 \cdot \hat{\boldsymbol{S}}_1$ で損をしてしまいます．これを**幾何学的フラストレーション**とよびます．古典的な反強磁性状態が作れないために，基底状態に多くの縮退が残ります．実際，古典的な全 8 状態のうち，6 つの状態がエネルギー $-J$ で縮退しています（**図 4.4**）．そのため，量子力学的な効果が顕著になります．$N = 3$ の場合に，基底状態で非自明な縮退が残ることを見てみましょう．

$N = 3$ のハミルトニアンの表現行列は，$N = 2$ の場合❹式(4.27)と同様に，1 スピン行列からクロネッカー積を使って作ることができます．たとえば，$\hat{S}_1^+ \hat{S}_2^-$ 項の場合，$\hat{S}_1^+ \hat{S}_2^- = \hat{S}_1^+ \hat{S}_2^- \hat{I}_3$ のように，相互作用に含まれないスピンに対しては恒等演算子 $\hat{I}$ が作用するものと考えると，次のように表すことができます．

$$\hat{S}_1^+ \hat{S}_2^- \rightarrow S^+ \otimes S^- \otimes I \equiv \begin{pmatrix} 0 & 1 \\ 0 & 0 \end{pmatrix} \otimes \begin{pmatrix} 0 & 0 \\ 1 & 0 \end{pmatrix} \otimes \begin{pmatrix} 1 & 0 \\ 0 & 1 \end{pmatrix} \tag{4.32}$$

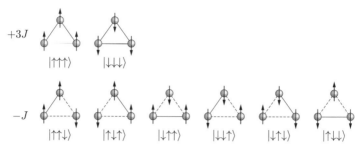

図 4.4　3 スピン模型における 8 つの古典的な状態ベクトルとそのエネルギー

ここで，I は 2×2 の単位行列です．このように，$N = 3$ の場合は，クロネッカー積を 2 回使って 8×8 行列を作ることができます．

　この点だけに注意をすれば，2 スピン模型のコード two_spins.py を少し拡張すれば簡単に $N = 3$ にも対応できます．two_spins.py のコードと同じように，$J = 1$ としています．

プログラム 4.5　three_spins.py

```
 1: import numpy as np
 2: from scipy import linalg
 3: from spin import make_spin_ops   # spin.pyから関数をインポート
 4:
 5: # 3つの1スピン演算子から3スピン演算子を生成
 6: def kron3(s1, s2, s3):
 7:     return np.kron(s1, np.kron(s2, s3))
 8:
 9: def main():
10:     sp_ops = make_spin_ops()
11:     sz = sp_ops['Sz']
12:     sp = sp_ops['S+']
13:     sm = sp_ops['S-']
14:     s0 = sp_ops['I']
15:     assert sz.shape == sp.shape == sm.shape == s0.shape == (2, 2)
                # 行列サイズを確認
16:
17:     # 3スピン系のハミルトニアンを生成
18:     hamil = kron3(sz,sz,s0) + (kron3(sp,sm,s0) + kron3(sm,sp,s0)) / 2 \
19:         + kron3(s0,sz,sz) + (kron3(s0,sp,sm) + kron3(s0,sm,sp)) / 2 \
20:         + kron3(sz,s0,sz) + (kron3(sm,s0,sp) + kron3(sp,s0,sm)) / 2
21:     assert hamil.shape == (8, 8)   # 行列サイズを確認
22:     # print("H =\n", hamil)
23:
24:     eigval, eigvec = linalg.eigh(hamil)
25:
26:     print("Eigenvalues =\n", eigval)
27:     # print("Eigenvectors =")
28:     # for i in range(8):
```

```
29:    #      print(eigvec[:, i]) # 固有ベクトルは縦ベクトルであることに注意
30:
31: if __name__ == '__main__':
32:     main()
```

　$N = 2$ のコードからの変更点のみ説明します．3つの行列のクロネッカー積を計算する関数 kron3 を定義しました（6〜7 行目）．2×2 行列を3つ入力すると，8×8 行列が生成されます．この関数を使い，式(4.32)の規則に従ってハミルトニアン行列を作れば（18〜20 行目），それ以降は変更の必要はありません．

実行結果は以下のとおりです．

```
Eigenvalues =
[-0.75 -0.75 -0.75 -0.75  0.75  0.75  0.75  0.75]
```

　エネルギー固有値のみ出力しました．4重縮退が2つ（エネルギー $+3/4$ と $-3/4$）という結果になりました．

　さて，この結果について考察します．3つの $S = 1/2$ スピンの合成状態は，全スピン $S = 3/2$, $S = 1/2$, $S = 1/2$ の3種類で，縮退度はそれぞれ4重，2重，2重です．$S = 3/2$ は強磁性状態なので，エネルギー $+3/4$ の高エネルギー状態がこれに対応します．基底状態（エネルギー $-3/4$）の4重縮退は，$S = 1/2$ が2つ縮退していることを意味します．この結果は，全スピン $\hat{\boldsymbol{S}}^2$ と方位量子数 $\hat{S}_z$ に加えて，もう1つハミルトニアンと可換な演算子（量子数）が存在することを示唆します．

　結論をいうと，次の演算子がハミルトニアンと可換です．

$$\hat{C} = \hat{\boldsymbol{S}}_1 \cdot (\hat{\boldsymbol{S}}_2 \times \hat{\boldsymbol{S}}_3) \tag{4.33}$$

これはスカラースピンカイラリティとよばれます[注6]．この演算子の固有値の符号から，3つのスピンの相対的な向き（右手・左手）が区別されます．

　課題 4.4　演算子 $\hat{C}$ の表現行列を作り，その固有値・固有ベクトルを計算してみましょう．また，$\hat{C}$ がハミルトニアン $\hat{\mathcal{H}}$ と可換であることを確認しましょう．
　課題 4.5　$\hat{\mathcal{H}}$ の固有状態は $\hat{\boldsymbol{S}}^2$, $\hat{S}^z$, $\hat{C}$ の量子数で完全に分類できます．$\hat{\mathcal{H}}$ と $\hat{\boldsymbol{S}}^2$, $\hat{S}^z$, $\hat{C}$ との同時固有状態を作り，すべてのエネルギー固有状態を適切な量子数でラベ

注6　式(4.33)の右辺はスカラー三重積とよばれる形です．その絶対値が，3つのベクトルで張られる平行六面体の体積を与え，符号は3つのベクトルが右手系の関係にあればプラス，左手系の関係にあればマイナスです．どれか2つのベクトルが平行または反平行だと，ゼロになります．

ル付けしてください．次のハミルトニアンを対角化することで，$\hat{\mathcal{H}}$ とほかの演算子との同時固有状態を得ることができます．

$$\hat{\mathcal{H}}' = \hat{\mathcal{H}} + \eta \hat{\boldsymbol{S}}^2 + \eta' \hat{S}^z + \eta'' \hat{C} \tag{4.34}$$

η, η', η'' は，エネルギー縮退を解くための小さい数値（10^{-6} など）です．

4.6 | 例題 ハバード模型——強相関電子系

金属や半導体中の電子の性質を考える際には，電子間のクーロン斥力を無視した（あるいは平均場として考慮した）理論がよい出発点となります．しかし，遷移金属元素や希土類元素を含む強相関電子系とよばれる化合物では，電子間のクーロン斥力による多体効果が無視できません．多体効果は，鉄の強磁性や銅酸化物高温超伝導体の超伝導など，磁性や超伝導の発現に重要な役割をします[注7]．

ハバード模型（**Hubbard model**）は，電子間のクーロン斥力を考えるよい出発点になります．第二量子化表記でのハミルトニアン $\hat{\mathcal{H}}$ は，次の式で与えられます．

$$\hat{\mathcal{H}} = -\sum_{ij\sigma} t_{ij} \hat{c}_{i\sigma}^{\dagger} \hat{c}_{j\sigma} - \mu \sum_{i\sigma} \hat{n}_{i\sigma} + U \sum_{i} \hat{n}_{i\uparrow} \hat{n}_{i\downarrow} \tag{4.35}$$

ここで，i, j は格子点を区別するラベル（原子の位置を格子上の点で表してサイトとよぶ），σ はスピン成分（↑ または ↓），$\hat{c}_{i\sigma}^{\dagger}$ と $\hat{c}_{j\sigma}$ はそれぞれ電子の生成演算子と消滅演算子です．電子がフェルミオンであるため，生成・消滅演算子は次の**反交換関係**（**anticommutation relation**）を満たします．

$$\{\hat{c}_{i\sigma}, \hat{c}_{j\sigma'}\} = \{\hat{c}_{i\sigma}^{\dagger}, \hat{c}_{j\sigma'}^{\dagger}\} = 0$$
$$\{\hat{c}_{i\sigma}, \hat{c}_{j\sigma'}^{\dagger}\} = \delta_{ij}\delta_{\sigma\sigma'} \tag{4.36}$$

ここで，$\{\cdot, \cdot\}$ は反交換子で，$\{A, B\} \equiv AB + BA$ により定義されます．$\hat{n}_{i\sigma}$ は $\hat{n}_{i\sigma} \equiv \hat{c}_{i\sigma}^{\dagger} \hat{c}_{i\sigma}$ で定義される粒子数演算子です．

ハバード模型の概念図を**図 4.5** に示します．ハミルトニアン(4.35)の第 1 項は，運動エネルギーを表します．t_{ij} は飛び移り積分（transfer integral）あるいはホッピング（hopping）とよばれ，電子の運動を表します．簡単のため，t_{ij} は i と j が

注7   第二量子化表記を使った電子論については，文献[6]が磁性や超伝導を広くカバーしていてお勧めです．

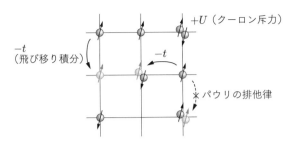

図 4.5 ハバード模型の概念図

隣り合う格子点の場合にのみ有限値 t をとり，それ以外の場合には 0 とします．このように原子上の局在軌道から出発して電子の短距離の飛び移りのみを考慮する扱いを，強束縛近似（tight-binding approximation）とよびます．第 2 項の μ は化学ポテンシャルです．第 3 項はクーロン斥力を表します．2 つの電子が同じ原子に存在する場合に，クーロン斥力 U だけエネルギーが高くなります．パウリの排他律のために，同じスピン成分をもつ電子は同一の原子上には来られないので，U は逆向きスピンをもつ電子間にのみはたらきます．

ハミルトニアンは一見するとシンプルですが，ハバード模型は量子力学の本質に関わる難しい問題を含んでいます．運動エネルギー項は 2 次形式（生成・消滅演算子 2 つの積）なので，簡単に対角化できます．その固有状態は波数（あるいは運動量）で特徴づけられます．一方，クーロン斥力項は実空間表示で対角化できます．量子力学では，位置と運動量は交換しないので，運動エネルギー項とクーロン斥力項はどちらかの固有状態で同時対角化することはできません．そのため，両者が拮抗した領域における基底状態は，一方のみを考慮した固有状態とは質的に異なるものであることが期待できます．この量子力学的な効果を考慮するには，多体状態を扱う必要があります．本節では，格子点の数 $N = 1, 2$ の固有状態を具体的に計算し，クーロン斥力 U の効いた多体状態を議論します．

◆——1 サイト模型

まずは練習のため，$N = 1$ から考えます．この場合，ハミルトニアン (4.35) は次のようになります．

$$\hat{\mathcal{H}} = -\mu(\hat{n}_{1\uparrow} + \hat{n}_{1\downarrow}) + U\hat{n}_{1\uparrow}\hat{n}_{1\downarrow} \tag{4.37}$$

運動エネルギー項が消えて，粒子数演算子だけで書かれているので，固有エネルギーは簡単に求められます．状態は全部で $|0\rangle$, $|\uparrow\rangle$, $|\downarrow\rangle$, $|\uparrow\downarrow\rangle$ の 4 つあり，エネルギー

はそれぞれ $0,\ -\mu,\ -\mu,\ -2\mu+U$ です．まずは，この固有エネルギーをプログラムで得ることを目指します．

　　生成・消滅演算子の表現行列を作ります．まずはスピン↑のみを考えます．状態ベクトルは $|0\rangle$ と $|\uparrow\rangle = \hat{c}_\uparrow^\dagger|0\rangle$ の 2 つです．この 2 次元空間において，生成演算子 $\hat{c}_\uparrow^\dagger$ の表現行列 $c_\uparrow^\dagger$ は次式で与えられます．

$$c_\uparrow^\dagger = \begin{pmatrix} 0 & 0 \\ 1 & 0 \end{pmatrix} \equiv C^+ \tag{4.38}$$

　　次に，スピン↑と↓の両方を考えます．状態ベクトルは，$|0\rangle$, $|\uparrow\rangle = \hat{c}_\uparrow^\dagger|0\rangle$, $|\downarrow\rangle = \hat{c}_\downarrow^\dagger|0\rangle$, $|\uparrow\downarrow\rangle = \hat{c}_\uparrow^\dagger\hat{c}_\downarrow^\dagger|0\rangle$ の 4 つになります．この 4 次元空間は，スピン↑と↓それぞれに対する 2 次元空間の直積，すなわち，$(|0\rangle \oplus |\uparrow\rangle) \otimes (|0\rangle \oplus |\downarrow\rangle)$ とみなせます．したがって，生成・消滅演算子の 4×4 行列は各スピン成分への作用を表す 2×2 行列のクロネッカー積●式(3.49)で表現できます．これは，量子スピン系●4.5 節において，2 スピン間の相互作用を表す 4×4 行列を 1 スピンの 2×2 行列のクロネッカー積で表したことと同じです●式(4.27)．フェルミオンの反交換関係(4.36)に注意すると，生成演算子 $\hat{c}_\uparrow^\dagger$ と $\hat{c}_\downarrow^\dagger$ の表現行列 $c_\uparrow^\dagger$ と $c_\downarrow^\dagger$ は，以下で与えられます．

$$c_\uparrow^\dagger = I \otimes C^+ = \left(\begin{array}{cc|cc} 0 & 0 & 0 & 0 \\ 1 & 0 & 0 & 0 \\ \hline 0 & 0 & 0 & 0 \\ 0 & 0 & 1 & 0 \end{array}\right) \tag{4.39}$$

$$c_\downarrow^\dagger = C^+ \otimes F = \left(\begin{array}{cc|cc} 0 & 0 & 0 & 0 \\ 0 & 0 & 0 & 0 \\ \hline 1 & 0 & 0 & 0 \\ 0 & -1 & 0 & 0 \end{array}\right) \tag{4.40}$$

ここで，行列 I, F は以下で定義されます．

$$I = \begin{pmatrix} 1 & 0 \\ 0 & 1 \end{pmatrix}, \quad F = \begin{pmatrix} 1 & 0 \\ 0 & -1 \end{pmatrix} \tag{4.41}$$

式(4.40)の行列要素の中のマイナス符号は，フェルミオンの入れ替えに起因します．具体的には，行列要素 $\langle\uparrow\downarrow|c_\downarrow^\dagger|\uparrow\rangle = -1$ に対応します．スピン↓を生成するときにスピン↑がすでに存在する場合には，それを追い越すことでマイナス符号が出ます．行列 F はこれを表します．なお，状態 $|\uparrow\downarrow\rangle$ の定義において $\hat{c}_\uparrow^\dagger$ と $\hat{c}_\downarrow^\dagger$ の順番を逆にす

ると，式(4.39)〜(4.40)の I と F が入れ替わります（表現行列は基底に依存）．

以上の行列表示のもとでハミルトニアンを対角化して，固有エネルギーを求めます．パラメータは $U = 10$，$\mu = 2$ とします（それぞれ変数 U，mu）．

プログラム 4.6 hubbard_1site.py

```python
 1: import numpy as np
 2: from scipy import linalg
 3:
 4: # 生成・消滅演算子の表現行列を生成する関数
 5: def make_local_ops():
 6:     ops = {}  # 辞書を返す
 7:     ops['c^+'] = np.array([[0, 0], [1, 0]])  # 生成演算子
 8:     ops['c'] = np.array([[0, 1], [0, 0]])  # 消滅演算子
 9:     ops['I'] = np.identity(2)  # 単位行列
10:     ops['F'] = np.diag([1, -1])  # フェルミオンの反交換を表す行列
11:     return ops
12:
13: # 任意の個数の行列のクロネッカー積を計算
14: def kron(*ops):  # *opsは可変長引数 ❶
15:     r = 1.0
16:     for op in ops:
17:         r = np.kron(r, op)
18:     return r
19:
20: def solve_hubbard_1site(U, mu=0):
21:     # 生成・消滅演算子の2×2表現行列を生成（スピンなし）
22:     local_ops = make_local_ops()
23:     cdag = local_ops['c^+']
24:     I = local_ops['I']
25:     F = local_ops['F']
26:     assert cdag.shape == I.shape == F.shape == (2, 2)
27:
28:     # スピンを考慮
29:     Cdag = {}  # 生成演算子
30:     Cdag['1u'] = kron(I, cdag)
31:     Cdag['1d'] = kron(cdag, F)
32:     assert Cdag['1u'].shape == Cdag['1d'].shape == (4, 4)
33:
34:     C = {}  # 消滅演算子
35:     N = {}  # 粒子数演算子
36:     for key, cdag in Cdag.items():
37:         C[key] = cdag.conj().T  # エルミート共役
38:         N[key] = cdag @ C[key]
39:
40:     hamil = U * N['1u'] @ N['1d'] - mu * (N['1u'] + N['1d'])
41:     print("H =\n", hamil)
42:
43:     eigval, eigvec = linalg.eigh(hamil)  # 全対角化
44:     return eigval, eigvec
45:
```

```
46: def main():
47:     U = 10.0
48:     mu = 2.0
49:
50:     E, vec = solve_hubbard_1site(U, mu)
51:     print("E =\n", E)
52:
53:     print("Eigenvectors =")
54:     for i in range(vec.shape[1]):
55:         print(vec[:, i])
56:
57: if __name__ == '__main__':
58:     main()
```

解説

make_local_ops 関数（4〜11 行目）　スピンを考慮しない 2 次元状態空間における演算子の 2 × 2 表現行列（式 (4.38) など）を作ります．ハイゼンベルグ模型の場合**♦** 4.5 節と同じように，辞書にまとめて返します．

kron 関数（13〜18 行目）　任意の個数の行列を受け取ってクロネッカー積を計算する関数です．2 つの 2 × 2 行列からクロネッカー積で 4 × 4 行列を作る演算（式 (4.39) 〜(4.40)）は np.kron 関数でできますが，あとのために，任意の個数の行列を受け取れるように一般化しました．**❶**引数の *ops は可変長引数とよばれる記法で，関数に与えられた任意の個数の引数がタプルとして ops に格納されます**♦** A.9 節．たとえば，この関数を kron(op1, op2, op3) と呼び出した場合，ops には (op1, op2, op3) が入ります．このとき，for ループの部分は r = np.kron(np.kron(np.kron(1, op1), op2), op3) と等価になります．

solve_hubbard_1site 関数（20〜44 行目）　まず，式 (4.39) 〜(4.40) で与えられる生成演算子の表現行列を計算します（30〜31 行目）．あとは，定義式どおりに演算子 $\hat{c}_{1\sigma}$ や $\hat{n}_{1\sigma}$ に対応する表現行列を計算し（37〜38 行目），それを使ってハミルトニアン行列を計算します（40 行目）．ハイゼンベルグ模型の場合**♦** 4.5 節と同じように，エルミート行列に対する対角化ルーチン scipy.linalg.eigh を使って固有値・固有ベクトルを計算します．

main 関数（46〜55 行目）　solve_hubbard_1site 関数にパラメータを与えて呼び出して結果を表示すれば完成です．

実行結果は以下のとおりです．

実行結果

```
H =
[[ 0.  0.  0.  0.]
 [ 0. -2.  0.  0.]
 [ 0.  0. -2.  0.]
```

```
 [ 0.  0.  0.  6.]]
E =
 [-2. -2.  0.  6.]
Eigenvectors =
[0. 1. 0. 0.]
[0. 0. 1. 0.]
[1. 0. 0. 0.]
[0. 0. 0. 1.]
```

エネルギー固有値は -2, -2, 0, 6 となっており，これは $-\mu$, $-\mu$, 0, $U-2\mu$ と一致しています．

◆──2サイト模型

さて，ここまでは練習です．次に $N=2$ を考えます．$t_{12}=t_{21}=t$ とすると，ハミルトニアン(4.35)は次のようになります．

$$\hat{\mathcal{H}} = -t\sum_{\sigma}(\hat{c}_{1\sigma}^{\dagger}\hat{c}_{2\sigma} + \hat{c}_{2\sigma}^{\dagger}\hat{c}_{1\sigma}) - \mu\sum_{i\sigma}\hat{n}_{i\sigma} + U(\hat{n}_{1\uparrow}\hat{n}_{1\downarrow} + \hat{n}_{2\uparrow}\hat{n}_{2\downarrow}) \quad (4.42)$$

状態空間の大きさは，$4^N = 16$ 次元です．生成演算子 $\hat{c}_{i\sigma}^{\dagger}$ の表現行列 $c_{i\sigma}^{\dagger}$ は，1サイトの場合の式(4.39)〜(4.40)と同様にクロネッカー積を使って表すことができます．

$$c_{1\uparrow}^{\dagger} = I \otimes I \otimes I \otimes C^{+} \quad (4.43)$$

$$c_{1\downarrow}^{\dagger} = I \otimes I \otimes C^{+} \otimes F \quad (4.44)$$

$$c_{2\uparrow}^{\dagger} = I \otimes C^{+} \otimes F \otimes F \quad (4.45)$$

$$c_{2\downarrow}^{\dagger} = C^{+} \otimes F \otimes F \otimes F \quad (4.46)$$

このように，3つの行列 C^{+}, I, F を規則的に組み合わせることで，2サイト系における表現行列を作ることができます．

パラメータは $t=1$, $U=4$, $\mu=2$ とします（それぞれ変数 t, U, mu）．$t=1$ は，すべてのエネルギーを t で規格化したことに対応します．つまり，$U=4$ は $U/t=4$，$\mu=2$ は $\mu/t=2$ を意味し，得られるエネルギー固有値も E/t が得られたものと解釈します．

プログラム 4.7 hubbard_2site.py

```
1: import numpy as np
2: from scipy import linalg
3: from hubbard_1site import make_local_ops, kron
        # hubbard_1site.pyから関数をインポート
```

```
 4:
 5:    # ハミルトニアンhを粒子数nの部分空間に射影
 6:    def projection(h, n):
 7:        assert isinstance(n, int)  # nはint型
 8:        from itertools import product
 9:        # 粒子数がnの状態ベクトルのインデックス ❸
10:        indices = [i for i, state in enumerate(product([0, 1], repeat=4))
                  if sum(state)==n]
11:        return h[np.ix_(indices, indices)]  # 2次元配列のスライス ❹
12:
13:    # 2サイトハバード模型の固有値・固有ベクトルを計算
14:    def solve_hubbard_2site(t, U, mu=0, n=None):
15:        # 生成・消滅演算子の2×2表現行列を生成（スピンなし）
16:        local_ops = make_local_ops()
17:        cdag = local_ops['c^+']
18:        I = local_ops['I']
19:        F = local_ops['F']
20:        assert cdag.shape == I.shape == F.shape == (2, 2)
21:
22:        # スピンとサイトを考慮
23:        Cdag = {}  # 生成演算子 ❶
24:        Cdag['1u'] = kron(I, I, I, cdag)
25:        Cdag['1d'] = kron(I, I, cdag, F)
26:        Cdag['2u'] = kron(I, cdag, F, F)
27:        Cdag['2d'] = kron(cdag, F, F, F)
28:        assert Cdag['1u'].shape == Cdag['1d'].shape == (16, 16)
29:
30:        C = {}  # 消滅演算子
31:        N = {}  # 粒子数演算子
32:        for key, cdag in Cdag.items():
33:            C[key] = cdag.conj().T  # エルミート共役
34:            N[key] = cdag @ C[key]
35:
36:        hamil = 0
37:        # t項
38:        for key1, key2 in [('1u', '2u'), ('1d', '2d'), ('2u', '1u'), ('2d', '1d')]:
39:            hamil += -t * Cdag[key1] @ C[key2]
40:        # U項
41:        for key1, key2 in [('1u', '1d'), ('2u', '2d')]:
42:            hamil += U * N[key1] @ N[key2]
43:        # mu項
44:        for n_op in N.values():
45:            hamil += -mu * n_op
46:
47:        if n is not None:
48:            hamil = projection(hamil, n)  # ハミルトニアンを粒子数nの部分空間に射影 ❷
49:
50:        print("Size of Hamiltonian matrix =", hamil.shape)
51:        eigval, eigvec = linalg.eigh(hamil)  # 全対角化
52:        return eigval, eigvec
53:
```

```
54: def main():
55:     t = 1.0
56:     U = 4.0
57:     mu = 2.0
58:
59:     E, vec = solve_hubbard_2site(t, U, mu)
60:     # E, vec = solve_hubbard_2site(t, U, mu, n=2)  # 粒子数射影をする場合
61:     print("E =\n", E)
62:
63: if __name__ == '__main__':
64:     main()
```

解説

$N = 1$ のコード hubbard_1site.py で基本的な関数は作ったので，それらを使い回します．import 文を書き，必要な関数をインポートします（3 行目）．

solve_hubbard_2site 関数（13〜52 行目）$N = 2$ のハバード模型の固有値・固有関数を計算して返す関数です．❶式(4.43)〜(4.46)により生成演算子を作ります．kron 関数が 4 つの 2×2 行列を受け取って，16×16 行列を返します．生成演算子の表現行列が得られたら，あとは，ハミルトニアン(4.42)を表式どおりに評価して，ハミルトニアン行列を作ります（36〜45 行目）．

❷関数の第 4 引数に整数 n が与えられた場合に，ハミルトニアンを特定の粒子数 n の空間へ射影します．projection 関数はあとで説明します．

以下に結果を示します．

実行結果

```
Size of Hamiltonian matrix = (16, 16)
E =
[-4.82842712e+00 -4.00000000e+00 -4.00000000e+00 -4.00000000e+00
 -3.00000000e+00 -3.00000000e+00 -3.00000000e+00 -3.00000000e+00
 -1.00000000e+00 -1.00000000e+00 -1.00000000e+00 -1.00000000e+00
 -1.08702167e-16  0.00000000e+00  0.00000000e+00  8.28427125e-01]
```

全部で 16 個のエネルギー固有値が表示されます．基底状態が一重項，第 1 励起状態が三重項になってます．なお，後ろから 4 番目の固有値は 10^{-16} ですが，これは丸め誤差によるものなので，0 とみなします（つまり三重縮退）．

すべての固有エネルギーが得られましたが，この結果からは各固有値がどのような状態に対応するのか判断できません．そこで，固有状態を全粒子数 n で分類することを考えます．全粒子数演算子 $\hat{n} = \sum_{i\sigma} \hat{n}_{i\sigma}$ は，ハミルトニアン $\hat{\mathcal{H}}$ と可換です．したがって，全粒子数 n が保存量になっており，ハミルトニアン行列 H は n で分類される状態空間ごとに**ブロック対角化**されています．特定の n の部分空間を考えることで，粒子数 n が定まった固有状態のみを得ることができます．このように，

ハミルトニアンと可換な演算子を使ってなるべく小さな状態空間を作ることは，結果の解釈をしやすくするだけでなく，対角化の計算量を大きく減らすため，応用上とても重要です．

解説

projection 関数（5〜11 行目）　すべての粒子数状態を含むハミルトニアン行列 h を受け取って，粒子数が特定の値 n の状態のブロックのみを取り出す関数です．❸ **リスト内包表記**❹A.2節 を使って，全 16 個の状態から，粒子数が n の状態を抽出しています．少し詳しく説明します．itertools.product は多重ループを生成する関数です．この場合，[0, 1] を 4 回重ねたループが生成されます．つまり，i, state には，以下の 16 種類の値が順番に入ります．

```
0, (0, 0, 0, 0)
1, (0, 0, 0, 1)
2, (0, 0, 1, 0)
3, (0, 0, 1, 1)
4, (0, 1, 0, 0)
...
15, (1, 1, 1, 1)
```

if sum(state)==n は粒子数が n に一致した場合にのみ for ループの中身（for の前の命令）を実行するという意味で，これにより，粒子数 n に対応するインデックス i のリストが得られます．たとえば，n=0 の場合は indices=[0,]，n=1 の場合は indices=[1,2,4,8] となります．❹ np.ix_ 関数は多次元配列に対するスライス操作を行う補助関数です❹B.5節．行列から特定の行・列のみを取り出した行列を得ることができます．

　粒子数が $n = 2$ の場合の実行結果（59 行目の代わりに 60 行目を実行）は，次のとおりです[注8]．

実行結果

```
Size of Hamiltonian matrix = (6, 6)
E =
[-4.82842712e+00 -4.00000000e+00 -4.00000000e+00 -4.00000000e+00
  6.66133815e-16  8.28427125e-01]
```

　$n = 2$ の状態ベクトルは，全部で 6 つあります．この結果から，先の結果の基底状態と第 1 励起状態は $n = 2$ の状態であったことがわかりました．5 番目の固有値は，先に説明したとおり，0 とみなします．

　最後に，クーロン斥力 U を変化させて，エネルギー固有値の変化を調べます．物

注8　サイト数 $N = 2$ のとき，n の最大値は 4 なので，$n = 2$ はハーフフィルド（half-filled）あるいはハーフフィリング（half-filling）とよばれます．ハーフフィルドは，もっとも相関の強い状況です．

理的に重要な $n = 2$ の 6 状態のみを取り出したグラフが**図 4.6** です（$\mu = 0$ として
います）．$U > 0$ における縮退度は，エネルギーの低いほうから 1 重，3 重，1 重，1
重です．高エネルギーの 2 状態は，電子が片方の格子点に偏った状態，つまり $|\uparrow\downarrow, 0\rangle$
と $|0, \uparrow\downarrow\rangle$ の線形結合です．クーロン斥力 U の分だけエネルギーが高くなっていま
す（**図 4.7**（上））．一方，低エネルギーの 4 状態は，クーロン斥力を避けて，電子が
2 つのサイトにそれぞれ 1 つずつ存在している状態です（図 4.7（下））．そして，基
底状態がスピン一重項状態，励起状態がスピン三重項状態であり，ハイゼンベルグ
模型**○** 4.5 節の 2 スピン系と同じ固有状態になっています．

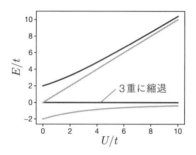

図 4.6　2 サイトハバード模型における全粒子数 $n = 2$ をもつエネルギー固有値
　　　　の U 依存性

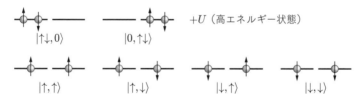

図 4.7　2 サイトハバード模型における 6 つの $n = 2$ 状態と U の影響

課題 4.6　U の大きい領域において，固有状態を実際に出力し，スピン一重項とスピ
ン三重項になっていることを確認しましょう．

課題 4.7　スピン一重項とスピン三重項のエネルギー差は，U が大きい領域で $J = 4t^2/U$ となることが知られています．これを数値計算で確かめましょう．このことは，
U の大きい領域では $J = 4t^2/U$ のハイゼンベルグ模型(4.25)がハバード模型の**有効
模型**注 9 になっていることを意味します．

注9　ある特定のエネルギー領域において，注目しているモデルと同じ固有値・固有状態を与える別のモデ
　　ルのことを有効模型とよびます．

第5章 量子統計力学
——数値積分・非線形方程式・乱数

5.1 | 量子統計力学で必要となる数値計算法

統計力学は，アボガドロ数 $N_A \sim 10^{23}$ のオーダーの多数の粒子が存在する系を対象として，ニュートン方程式やシュレディンガー方程式などのミクロな世界を支配する法則から，集団としてのマクロな性質を導きます．多数の粒子を扱う統計力学では，実にさまざまな近似法や数値計算法を駆使します．本章では以下に示す3つの話題を取り上げ，それらに必要な数値計算法を扱います．

5.1.1 | 統計力学エントロピー

統計力学におけるエントロピーは，全系の微視的状態（量子状態）を n で表すと

$$S = -k_B \sum_n P_n \ln P_n \tag{5.1}$$

で与えられます．ここで，k_B はボルツマン定数，P_n は微視的状態 n の実現確率です．温度 T の熱平衡状態における P_n は，微視的状態のエネルギー E_n を用いて $P_n \propto e^{-E_n/k_B T}$ で与えられます（カノニカル分布）[注1]．エントロピー S はマクロな量であり，右辺の P_n はミクロな法則から計算できる量です．したがって，この式はミクロとマクロをつなぐという重要な意味をもちます．

注1 熱平衡状態では，統計力学エントロピーを最大にする確率分布が実現します．この条件からカノニカル分布を導出することもできます[3]．

式 (5.1) は実につかみどころのない形をしています。式をそのまま解釈するなら，確率の対数の期待値（に定数をかけたもの）ですが，それが何を表しているのか直感的な説明は困難です。そこで，5.2 節では，統計力学エントロピーの表式と同じ形をしている情報エントロピーを使って，式 (5.1) を理解することを目指します。

5.1.2 ┃ 量子統計とボーズ-アインシュタイン凝縮

量子力学では，粒子は**ボゾン**（ボーズ粒子）と**フェルミオン**（フェルミ粒子）の 2 種類に分類されます。ボゾンは粒子の入れ替えに対して波動関数が対称で，フェルミオンは反対称です。電子はフェルミオン，原子核を構成する陽子や中性子もフェルミオン，一方，光子や中間子はボゾンです。

ボゾンとフェルミオンの集団としての振る舞いは，それぞれ**ボーズ-アインシュタイン統計**と**フェルミ-ディラック統計**で記述されます。この統計性の違いは，次の分布関数に集約されます。

$$f_{\mp}(\epsilon) = \frac{1}{e^{(\epsilon - \mu)/k_{\mathrm{B}}T} \mp 1} \tag{5.2}$$

符号 $-$ がボゾン，符号 $+$ がフェルミオンに対応します。ϵ は 1 粒子エネルギー，μ は化学ポテンシャルです。フェルミオンの代表例である電子の集団は，4.6 節で扱いました。本章では，ボゾンの集団が示す**ボーズ-アインシュタイン凝縮**に注目します。その計算には数値積分と非線形方程式が必要です。それぞれ 5.4 節と 5.6 節で例を示します。

5.1.3 ┃ 相転移とイジング模型

粒子が多数集まることではじめて起こる現象に，**相転移**（**phase transition**）があります。たとえば，気体から液体，液体から固体への変化は相転移現象の典型例です。そして，量子力学が支配する電子の世界で相転移が起こると，強磁性（磁石）や電流が抵抗ゼロで流れる超伝導が実現します。これらの現象はすべて統計力学（量子統計力学）の対象です。その記述には，相互作用が重要な役割を果たします。

本書では，強磁性転移を示すモデルの 1 つである**イジング模型**（**Ising model**）を取り上げます[注2]。**図 5.1** に示す模式図のように，格子上に配置されたスピン σ_i を

注2　最近では，機械学習で使われるニューラルネットワークやボルツマンマシン，最適化問題の量子アニーリングなど，統計力学とはまったく違う分野でもイジング模型が盛んに用いられています[11]。イジング模型の性質や近似解法，数値解法を学ぶと，思わぬところで役に立つかもしれません。

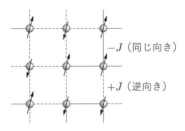

図 5.1　イジング模型の模式図

考え，それぞれ上向き（$\sigma_i = +1$）または下向き（$\sigma_i = -1$）の 2 通りの状態をとるとします．隣り合うスピンどうしには相互作用がはたらいており，互いに同じ向きの場合にエネルギー J だけ得をし，逆向きの場合にエネルギー J だけ損をするとします．このとき，全系のエネルギーは次式で与えられます．

$$E(\boldsymbol{\sigma}) = -J \sum_{\langle i,j \rangle} \sigma_i \sigma_j \tag{5.3}$$

ここで，$\boldsymbol{\sigma}$ はすべてのスピン変数の集合 $\boldsymbol{\sigma} \equiv (\sigma_1, \sigma_2, \ldots, \sigma_N)$ を表し，$\langle i,j \rangle$ は隣り合う格子点の組み合わせに関する和を意味します．式(5.3)は，式(4.22)のハミルトニアンで与えられるハイゼンベルグ模型において，スピン演算子の z 成分 S_i^z のみを抜き出したものに対応します（J の符号を反転して定義）．

　強磁性状態を特徴づける物理量は磁化です．熱平衡状態における平均磁化 m は，カノニカル分布を用いて平均をとることにより，次のように計算できます．

$$m = \frac{\sum_{\boldsymbol{\sigma}} \left(\dfrac{1}{N} \sum_i \sigma_i \right) w(\boldsymbol{\sigma})}{\sum_{\boldsymbol{\sigma}} w(\boldsymbol{\sigma})} \tag{5.4}$$

ここで，$w(\boldsymbol{\sigma})$ は配置 $\boldsymbol{\sigma}$ の重みを表します．

$$w(\boldsymbol{\sigma}) = e^{-E(\boldsymbol{\sigma})/k_{\mathrm{B}}T} \tag{5.5}$$

$\boldsymbol{\sigma}$ の和は，すべての可能な配置に関してとります．具体的に，個々のスピン変数 σ_1 から σ_N を使うと，次のように表せます．

$$\sum_{\boldsymbol{\sigma}} \equiv \sum_{\sigma_1 = +1, -1} \sum_{\sigma_2 = +1, -1} \cdots \sum_{\sigma_N = +1, -1} \tag{5.6}$$

したがって，式(5.4)を計算するには，2^N 個の項の和を実行する必要があります．項の数を具体的に見積もると，$N = 10$ のときは $2^{10} \approx 10^3$ となりすべての和をとることが可能ですが，$N = 100$ になると $2^{100} \approx 10^{30}$ となってすべての和をとることは不可能です．実際には，相転移を調べるためにはさらに大きな N が必要です．

このように，式(5.4)の和を厳密に評価することはほとんどの場合不可能です．この問題に対して，大きく分けると 2 通りのアプローチがあります．

(1) 和を近似して計算する．
(2) 2^N 個の配置の中から一部のみを抜き出す（サンプリング）．

(1)の方法の代表例は，平均場近似法です．この場合，多数の和を評価する問題は，非線形方程式を解く問題に帰着します．5.7 節で取り上げます．(2)の方法はモンテカルロ法とよばれ，乱数を利用します．5.9 節で詳しく解説します．

5.2 | **例題** 文章の情報エントロピー

シャノンの情報エントロピー（**Shannon's information entropy**）は，各情報の出現確率を P_i とすると，次のように定義されます．

$$S = -\sum_i P_i \log_2 P_i \tag{5.7}$$

これは平均情報量ともよばれます．単位はビットです（対数の底を 2 としているため）．統計力学エントロピーと同じ形をしていることから，情報「エントロピー」とよばれています．ここでは，数値計算により式(5.7)の情報エントロピーを実際に評価して，その意味を理解することを目指します．

◆──情報エントロピーの意味

コンピュータの中では，すべての情報は 0 と 1，すなわちビットの羅列で表されます．具体的に，a, b, c, d の 4 つの文字で作られた文章を 0，1 で表すことを考えます．次のように置き換えるのが自然です．

$$a \to 00, \quad b \to 01, \quad c \to 10, \quad d \to 11 \quad （符号化 A） \tag{5.8}$$

たとえば，acb なら 00 10 01 と表します（見やすくするために 2 桁ごとに空白を入れましたが，実際には空白はありません）．このような置き換えを**符号化**（**encoding**）といいます．4 つの文字で構成された文章を符号化するには，1 文字あたり平均で 2 ビット割り当てればよいことがわかります．

いま，a，b，c，d で作られた文章に含まれる各文字の出現確率が一様でないとします．たとえば，a がたくさん含まれているけど，d は少ししか含まれていないとします．このような場合，a と d に同じように 2 ビットを割り当てるのは効率的ではありません．具体的に，出現確率 P_i が

$$\{P_i\} = \left(\frac{1}{2}, \frac{1}{4}, \frac{1}{8}, \frac{1}{8}\right) \tag{5.9}$$

であるとします．このとき，

$$\text{a} \to 0, \quad \text{b} \to 10, \quad \text{c} \to 110, \quad \text{d} \to 111 \quad (\text{符号化 B}) \tag{5.10}$$

という符号化を考えます．出現確率の大きい文字に短い符号を割り当てています．この符号化法を用いた場合の 1 文字あたりの平均ビット数は，$(1/2) \times 1 + (1/4) \times 2 + (1/8) \times 3 + (1/8) \times 3 = 7/4 = 1.75$ ビットになります．つまり，符号化法を工夫することで，情報を圧縮できたということです．

式 (5.7) の情報エントロピー S は，情報の圧縮限界を与えます．式 (5.9) の例の場合に具体的に S を計算すると $S = 7/4$ となり，符号化 B による平均ビット数と一致します．実際には，平均ビット数が S に一致する符号化法が必ずしも存在するわけではないので，S は理論上の圧縮限界と解釈します．これを，**情報源符号化定理**といいます．S は，データのもつ真の情報量を表しています．

情報源符号化定理を理解するために，極端な例として，$\{P_i\} = (1/4, 1/4, 1/4, 1/4)$ を考えます．このとき $S = 2$ です．これは，符号化 A が最適な符号化法になっていることを意味します．すべての文字が等しくランダムに出現する文字列は，圧縮不可能です．逆の極限として，$\{P_i\} = (1, 0, 0, 0)$ を考えると，$S = 0$ となります．同じ文字が無限に並んでいる文字列は，何も情報をもっていないことを表しています．

符号化について少し話を続けます．符号化 B のように文字ごとに長さの異なる符号を割り当てる場合には，少し注意が必要です．たとえば，符号化 B を少し変えて

$$\text{a} \to 0, \quad \text{b} \to 01, \quad \text{c} \to 110, \quad \text{d} \to 111 \quad (\text{符号化 B}') \tag{5.11}$$

とすると，文章を復元できなくなってしまいます．具体的に，01110 という符号は
0 111 0 → ada と 01 110 → bc の 2 通りに解釈できてしまいます．復元可能な符号
化は，ツリー構造を考えることで生成できます．符号化 A と符号化 B は**図 5.2** のツ
リーで表すことができますが，符号化 B′ はツリー構造で表せません．

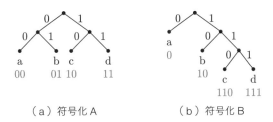

（a）符号化 A　　　　　　　　（b）符号化 B

図 5.2　符号化 A と符号化 B を表すツリー構造．上から分岐ごとに 0（左）また
　　　　は 1（右）を並べてできる符号を，その末端にある文字列に割り当てる．

◆——**実際の文章はどのくらい圧縮可能か**

　日本語は文字数が多いので，英語の文章を考えましょう．英語の小説はどのくら
い圧縮可能でしょうか？　アルファベットは全部で 26 個あります．大文字・小文
字を区別すると，52 個になります．実際の文章には数字や記号（スペースやハイフ
ンなど）も含まれるので，文章を完全に表現するには最低でも 7 ビット（$2^7 = 128$
個）は必要です．実際の文字コードは 7 ビットや 8 ビット（$2^8 = 256$ 個）です．実
際の英語の文章では，たとえば e はたくさん使われますが，z は少ししか使われま
せん．出現確率が一様でないので，圧縮可能です．英語の文章の情報エントロピー
を計算して，どのくらい圧縮可能か見てみます．

◆——**実装**

　それではコードを示します．ここでは，英語の文章をテキストファイルから読み
込んで，情報エントロピーを計算します．文字の出現回数の計算は，標準ライブラ
リの collections.Counter クラス◐A.4節 を使用します．

プログラム 5.1　shannon.py

```
1: import os
2: import sys
3: import argparse
4: import numpy as np
5: from collections import Counter  # 要素の個数を数えるコンテナクラス
6: from itertools import chain
```

```
 7:
 8: # テキストファイルを読み込む関数
 9: def read_file(filename):
10:     # ファイルの存在をチェック
11:     if not os.path.isfile(filename):  # ❶
12:         print(f"{filename!r} does not exist")
13:         sys.exit(1)
14:
15:     # テキストファイルを読み込み
16:     with open(filename, 'r', encoding='utf-8') as f:  # ❷
17:         text = f.readlines()
18:     return text
19:
20: # 情報エントロピーを計算する関数
21: def calc_entropy(text):
22:     print(f"Number of lines      : {len(text)}")
23:
24:     chars = list(chain.from_iterable(text))  # 1文字ごとにバラす
25:     total = len(chars)  # 文字数
26:     print(f"Number of characters : {total}")
27:
28:     c = Counter(chars)  # コンテナクラスCounterに文字のリストを与える ❸
29:     assert total == np.sum(list(c.values()))  # 文字数を確認
30:
31:     # 情報エントロピーを計算
32:     prob = np.array([n for n in c.values()]) / float(total)  # 確率 ❹
33:     entropy = np.sum(-prob * np.log2(prob))  # ❺
34:     print(f"Shannon entropy = {entropy:.4f}")
35:
36:     # 文字の統計を出力
37:     print("Statistics of characters")
38:     for key, n in c.most_common():  # 文字とその出現回数を多い順に取り出す
39:         p = n / float(total) * 100
40:         print(f" {repr(key):6}  {n:7d}  {p:8.2f}%")  # ❻
41:
42: def main():
43:     # コマンドライン引数を解析
44:     parser = argparse.ArgumentParser()  # ❼
45:     parser.add_argument('filename', help="filename of a text file.")
46:     args = parser.parse_args()
47:     print(args)
48:
49:     txt = read_file(args.filename)  # テキストファイルを読み込み
50:     calc_entropy(txt)  # 情報エントロピーを計算
51:
52: if __name__ == '__main__':
53:     main()
```

解説

read_file 関数（8〜18 行目）　テキストファイルを読み込んで，文字列を取得する関数です．❶ファイルの存在チェックをします．os.path モジュールに，パス関連の関数がいろいろあります．❷with を使ってファイルを開くと，明示的に f.close() と書かなくても，そのブロックの終了時点で自動的にファイルが閉じられます．そのため，ファイルの閉じ忘れを防げます．with open() as f は必ずセットで使うと覚えておくとよいでしょう．f.readlines() はファイル全体を読み込み，1 行を 1 つの要素としてもつリスト text を返します．

calc_entropy 関数（20〜40 行目）　❸Counter クラスを使って，文字の出現回数を計算します．Counter は引数にリストをとり，要素の出現回数を数えます．text はテキスト 1 行ごとを要素としてもつリストなので，text のもつ文字列を 1 文字ごとに分解して（24 行目）から Counter に与えます．

❹Counter がもっている各文字の出現回数の情報を使って，出現確率 P_i を計算します．リスト内包表記を使うとシンプルに書けます❍A.2節．❺出現確率 P_i から式(5.7)で定義される情報エントロピー S を計算する部分は，NumPy 配列の演算規則を使うと，数式と同じように直感的に書けます．np.log2 関数はベクトル化されているので，NumPy 配列 prob のすべての要素に対して $\log_2$ を計算し，結果を配列で返します．この配列と prob の積 * は，配列の要素ごとの掛け算です❍1.2.4項．np.sum 関数は，配列の全要素の和を返します．

最後に，文字列の統計を出力します．❻repr 関数は，改行コード（\n）などをそのまま出力するために使用しています．

main 関数（42〜50 行目）　入力のテキストファイルにあわせてスクリプト内のファイル名を毎回書き換えるのは面倒です．そこで，実行時にファイル名をコマンドラインから入力できるようにします．❼それには，標準ライブラリの argparse モジュールにある ArgmentParser クラスを使うと便利です．add_argument メソッドで引数を追加していきます．- や -- で始まるオプションも設定できますし，デフォルト値，排他オプションなど，さまざまな動作を設定できます．また，ArgumentParser はヘルプを自動で作ってくれる点も便利です．コマンドラインで -h オプションをつけて実行すると，ヘルプメッセージが表示されます．

```
$ python3 shannon.py -h
usage: shannon.py [-h] filename

positional arguments:
  filename     filename of a text file.

optional arguments:
  -h, --help  show this help message and exit
```

例として，ルイス・キャロル（Lewis Carroll）による『不思議の国のアリス』（Alice's Adventures in Wonderland）の情報エントロピーを計算してみることにします．Project Gutenberg（日本でいう青空文庫のようなもの）のサイト[注3]からテキストファイル（Plain Text UTF-8）をダウンロードし，これをスクリプト shannon.py と同じディレクトリにおいて，そのまま読み込ませます．テキストファイルには本文以外の情報（ヘッダーなど）も含まれていますが，ここでは簡単のため，前処理のようなものは行いません．

以下が実行結果です．

実行結果

```
$ python3 shannon.py 11-0.txt
Namespace(filename='11-0.txt')
Number of lines      : 3761
Number of characters : 164047
Shannon entropy = 4.6080
Statistics of characters
 ' '     27431     16.72%
 'e'     15297      9.32%
 't'     11806      7.20%
 'o'      9383      5.72%
 'a'      9179      5.60%
 'n'      7942      4.84%
 'i'      7866      4.79%
 'h'      7682      4.68%
 's'      7052      4.30%
 'r'      6501      3.96%
 'd'      5278      3.22%
 'l'      5111      3.12%
 'u'      3926      2.39%
 '\n'     3761      2.29%
 'c'      2851      1.74%
 （以下省略）
```

情報エントロピーは 4.61 でした．つまり，理論上は 1 文字あたり平均 5 ビットあればこのテキストを符号化できるということです．

ここでは情報の圧縮限界を示しましたが，それをどのように実現するかは，また別の問題です．出現頻度の多い文字（e など）に短い符号を割り当て，出現頻度の低い文字（記号など）に長い符号を割り当てる，というのが基本的な方針です．そのアルゴリズムとしては，たとえばハフマン符号化（Huffman coding）が知られています．詳細は，たとえば文献[7]を参照してください．

注3　https://www.gutenberg.org/ebooks/11

5.3 | 解法 数値積分

この節では，1変数の定積分（definite integral）

$$I = \int_a^b f(x)dx \tag{5.12}$$

の計算法を考えます．次の2つの場合で，最適なアルゴリズムは変わります．

(1) $f(x)$ が任意の点 x で計算できる．**→ ガウス求積法**

(2) $f(x)$ が離散的な点 x_i 上でのみ与えられている．**→ 離散積分公式**

(1)は $f(x)$ が解析的に与えられている場合で，原理的には積分値を任意の精度まで求められます．(2)は，$f(x_i)$ が何らかの数値計算を通して得られる場合，もしくは実験データの場合で，積分の精度には限界があります．また，$f(x_i)$ が誤差を含む場合は，高次の公式を使ったからといって精度が上がるわけではありません．

◆——離散積分公式

離散的な点 x_i でデータが与えられている場合には，多項式で内挿して積分します．内挿式を1次式，2次式，3次式，…のように高次のものにすることで，誤差は小さくなっていきます．1次式を使った場合，つまり単に $f(x_i)$ を直線で結んだ場合の近似式は，**台形公式**（**trapezoidal rule**）とよばれます．x_i が等間隔に区切られている場合，台形公式は次の表式で与えられます．

$$I = \frac{h}{2}[f(x_0) + 2f(x_1) + 2f(x_2) + \cdots + 2f(x_{N-1}) + f(x_N)] + \mathcal{O}(h^2) \tag{5.13}$$

ここで，$h = x_{i+1} - x_i$ です．**図 5.3**(a)は，この公式の積分領域を表したものです．直線近似で h^2 の項を無視しているので，誤差は $\mathcal{O}(h^2)$ です．

次に，図(b)のように，$f(x_{i-1})$，$f(x_i)$，$f(x_{i+1})$（i は奇数）の3点を使い2次関数で内挿して積分すると，次の**シンプソンの公式**（**Simpson's rule**）が得られます．

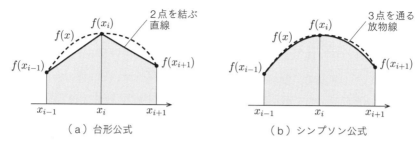

図 5.3　離散積分公式で積分する領域

$$I = \frac{h}{3}[f(x_0) + 4f(x_1) + 2f(x_2) + 4f(x_3) + \cdots$$

$$+ 4f(x_{N-3}) + 2f(x_{N-2}) + 4f(x_{N-1}) + f(x_N)] + \mathcal{O}(h^4)$$

$$(5.14)$$

誤差は，h^3 の項を無視しているので $\mathcal{O}(h^3)$ のように思えますが，うまい具合に h^3 の寄与が消えて $\mathcal{O}(h^4)$ になります．

　このように，内挿に使う多項式の種類によって，$f(x_i)$ を足し合わせる重みが変わります．同様にして，より高次の公式も導けますが，3 次式以上の内挿公式を使うのであれば，スプライン補間などで内挿して積分を求めたほうが簡単です．スプライン補間は，各区間を 3 次式で近似し，隣どうしが滑らかに接続するように係数を決めたものです．各区間は 3 次式なので，積分値は解析的に求められます．

◆——ガウス求積法

　ガウス求積法（**Gaussian quadrature**）は，関数 $f(x)$ が任意の点で計算できる場合に利用できる，非常に効率のよい数値積分法です．式(5.12)の積分を，次の形で近似することを考えます．

$$I \approx \sum_{i=1}^{n} w_i f(x_i) \tag{5.15}$$

上述の離散積分公式の場合，座標点 x_i は等間隔です．台形公式(5.13)とシンプソン公式(5.14)では重み w_i が異なり，それによって精度が変わります．ここでは，さらに座標点 x_i も変えられるとします．最適な座標点 x_i と重み w_i の組は，どのようなものでしょうか．

関数 $f(x)$ が多項式の場合に，少ない座標点で厳密な結果を与えるのが**ガウス−ルジャンドルの公式**（**Gauss–Legendre rule**）です．積分区間を $[-1, 1]$ とします．$f(x)$ が $2n-1$ 次の多項式の場合に，x_i として n 次のルジャンドル多項式 $P_n(x)$ のゼロ点（n 個ある）をとり，重み w_i を適切に選ぶことで，式(5.15)が厳密になります．したがって，関数 $f(x)$ を多項式で近似できる程度の区間に分割し，各区間の積分をガウス−ルジャンドルの公式を使って評価すれば，効率よく積分を計算することができます．

ここでは $\{x_i\}$ や $\{w_i\}$ の表式を並べることはせずに，直感的にガウス−ルジャンドルの公式を理解することを目指します．被積分関数 $f(x)$ として，3次多項式 $f(x) = ax^3 + bx^2 + cx + d$ を考えます（**図 5.4**）．すべての係数を決定するには4つの点が必要です．任意の4つの x 座標における関数 $f(x)$ の値がわかれば，係数が定まり積分が計算できます．これに対して，ガウス−ルジャンドルの公式は，x 座標を適切に選べば，たった2点だけで厳密な積分値が得られると主張しています．2つの点からは直線しか決まらないので，3次多項式を直線で置き換えて積分値を評価していることになります．$n = 2$ のルジャンドル多項式 $P_2(x)$ のゼロ点は $x = \pm 1/\sqrt{3}$ です．図 5.4 は，$x = \pm 1/\sqrt{3}$ で同じ点を通る2つの3次多項式と直線を図示したものです．どんな3次多項式であっても，$[-1, 1]$ の範囲で必ず直線の上下の領域（図の影部分）の面積が互いに打ち消しあうため，2点の情報だけで積分値が評価できるのです（図の斜線部分）．

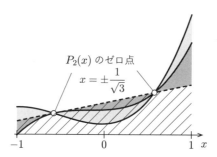

図 5.4 ガウス−ルジャンドルの公式を3次多項式に適用した場合の例．実線は $x = \pm 1/\sqrt{3}$ で同じ点（白丸）を通る2つの3次多項式，破線はそれらの2点を通る直線．

Library　SciPy による数値積分の解法

Python で数値積分を実行する関数は，`scipy.integrate` モジュールに含まれています．関数の一覧は，SciPy documentation の「API reference」→「Integration and ODEs」にあります．その中から代表的な関数を以下に示します．

- 関数形がわかる場合（Integrating functions, given function object）
  - `quad(func, a, b)`：ガウス求積法による 1 変数積分
  - `dblquad()`：ガウス求積法による 2 重積分
  - `tplquad()`：ガウス求積法による 3 重積分
  - `nquad()`：ガウス求積法による n 重積分
- 離散データを積分する場合（Integrating funtions, given fixed samples）
  - `trapezoid(y)`：台形公式
  - `simpson(y)`：シンプソンの公式

通常は quad 関数（quadrature = 求積法）を使えば問題ありません．離散的なデータ（配列）しかもっていない場合には，`trapezoid` 関数や `simpson` 関数を使います．

ここでは，もっとも使用頻度の高い quad 関数の使用法を解説します．まずは，公式ドキュメントから，quad 関数のインターフェースを確認します．

```
scipy.integrate.quad(func, a, b, args=(), full_output=0, epsabs=1.49e-08,
        epsrel=1.49e-08, limit=50, points=None, weight=None, wvar=None, wopts=None,
        maxp1=50, limlst=50)
```

引数がたくさんありますが，とりあえず最初の 4 つだけ見ておけば問題ありません．func は被積分関数を定義した関数オブジェクト，a と b はそれぞれ積分区間の下限と上限です．たとえば，関数 $f(x) = \sin x$ を区間 $[0, \pi/2]$ で積分したい場合には，以下のように書きます．

```
>>> from scipy import integrate
>>> import numpy as np
>>> def integrand(x):
...     return np.sin(x)
...
>>> integrate.quad(integrand, 0, np.pi/2)
(0.9999999999999999, 1.1102230246251564e-14)
```

結果の 1 つめの数値が積分結果，2 つめの数値が誤差を表します．関数 $f(x)$ がパラメータに依存する場合には，被積分関数を `integrand(x, param1, param2)` のよ

うに定義し，param1，param2 の値を args オプションに与えます．具体例は，次節の例題を参照してください．

被積分関数に不連続や積分可能な特異性（たとえば，$\log(x - x_0)$ や $1/(x - x_0)$）がある場合には注意が必要です．一般的には，事前に区間分けや変数変換をして不連続や特異性を除いてから数値積分を行います．points オプションで特異性や不連続のある座標を指定することで，積分できる場合もあります．また，weight オプションを使うと，特定の特異性を含む関数を積分できます．たとえば，関数形が $f(x) = g(x)/(x - c)$ の場合，weight='cauchy' として，関数 $g(x)$ を quad 関数に与えます．定数 c の値は引数 wvar に与えます．

5.4 | 例題 ボーズ−アインシュタイン積分

数値積分の例として，次の式で定義されるボーズ−アインシュタイン積分 $F_s(\alpha)$ を評価してみます．

$$F_s(\alpha) \equiv \frac{1}{\Gamma(s)} \int_0^\infty dx \frac{x^{s-1}}{e^{x+\alpha} - 1} \tag{5.16}$$

$\Gamma(s)$ はガンマ関数です．$x = \epsilon/k_\mathrm{B}T$, $\alpha = -\mu/k_\mathrm{B}T \geq 0$ と対応づけると，式(5.2)のボーズ−アインシュタイン分布関数 $f_-(\epsilon)$ が被積分関数に含まれていることがわかります．$\alpha = 0$ のときは解析的に積分が実行できて，$F_s(0) = \zeta(s)$ となります．ここで，$\zeta(x)$ はゼータ関数です．なお，Python では，ガンマ関数やゼータ関数は scipy.special モジュールに含まれています．

数値積分により $F_s(0)$ が正しく得られることを確認したうえで，$\alpha \geq 0$ の領域における $F_s(\alpha)$ を図示します．この関数の振る舞いを知っておくことは，後ほど，$F_s(\alpha)$ を含む方程式から α を決定する際に必要です●5.6節．

◆──実装

パラメータは $s = 3/2$（変数 s）として，α の範囲は alpha_min=0 から alpha_max=4，点の数は n_alpha=401 とします．

プログラム 5.2 `bec_integ.py`

```python
 1: import numpy as np
 2: from scipy import integrate  # 数値積分
 3: from scipy import special  # 特殊関数
 4: import matplotlib.pyplot as plt
 5:
 6: # ボーズ-アインシュタイン積分の被積分関数
 7: def integrand(x, s, alpha):  # xは積分変数, s, alphaはパラメータ
 8:     e = np.exp(-x-alpha)  # <= 1  (x+alpha > 0)
 9:     return x**(s-1) * e / (1.0 - e)  # ❶
10:
11: # ボーズ-アインシュタイン積分
12: def bose_einstein_integral(s, alpha, verbose=False):
13:     y, err = integrate.quad(integrand, 0, np.inf, args=(s, alpha))
14:     y /= special.gamma(s)  # ガンマ関数
15:     if verbose:
16:         print(f"integral : {y:.8g}")
17:         print(f"error    : {err:.1e}")
18:     return y
19:
20: def main():
21:     s = 1.5
22:
23:     # alpha=0の結果を確認：F_s(0) = zeta(s)
24:     bose_einstein_integral(s, 0, verbose=True)
25:
26:     alpha_min, alpha_max = 0, 4
27:     n_alpha = 401
28:     x = np.linspace(alpha_min, alpha_max, n_alpha)
29:     y = np.array([bose_einstein_integral(s, alpha) for alpha in x])  # ❷
30:
31:     # グラフ
32:     fig, ax = plt.subplots()
33:     ax.plot(x, y, '.-')
34:     ax.set_xlabel(r"$\alpha$")
35:     ax.set_ylabel(r"$F_{3/2}(\alpha)$")
36:     ax.axhline(y=0, color='k', linestyle='dashed', zorder=0)  # x軸
37:     fig.savefig("bec_integ.pdf")
38:
39: if __name__ == '__main__':
40:     main()
```

解説

integrand 関数（6〜9 行目）　ボーズ–アインシュタイン積分(5.16)の被積分関数を作ります．被積分関数は，積分変数 x に加えて，2 つのパラメータ s と α を引数にとります．❶被積分関数に $1/(e^{x+\alpha} - 1)$ をそのままの形で書くと，分母が $x \to \infty$ で発散してしまうので，$1/(e^{x+\alpha} - 1) = e^{-(x+\alpha)}/(1 - e^{-(x+\alpha)})$ のように式変形をして計算しています．右辺の指数部分は 1 より小さいので，安定して計算でき

ます．このような工夫は数値計算でしばしば必要になります．解析的には等価な式でも，数値的に評価する場合には必ずしも同じ結果になりません．とくに，表式が指数関数やべき乗を含む場合には注意が必要です．

bose_einstein_integral 関数（11〜18 行目）　数値積分は，`scipy.integrate.quad`関数[p.138]を使って実行します．被積分関数が 2 つのパラメータをとるので，`args`引数にパラメータの値を与えます．積分範囲の無限大は `np.inf` で指定できます．

　　`verbose` 引数は，詳細な結果を出力するオプションです．計算結果がおかしい場合などに `verbose=True` を指定すると，詳細な出力が得られます．`verbose` は「冗長」という意味で，プログラミングで一般的に使用される単語です．この名前の変数やオプションを見つけたら，「詳細な出力を表示するオプション」と理解してください．

main 関数（20〜37 行目）　α の値を変えて，`bose_einstein_integral` 関数を繰り返し呼び出します．❷リスト内包表記を使うと 1 行でシンプルに書けます[A.2節]．

実行結果は以下のとおりです．

実行結果
```
integral : 2.6123753
error    : 5.0e-09
```

解析解 $F_{3/2}(0) = \zeta(3/2) \approx 2.6123753$ と一致していることが確認できます．得られたグラフを**図 5.5** に示します．$F_{3/2}(0) = \zeta(3/2)$ から始まり，α に対して単調減少し，0 に収束する関数であることが確認できます．

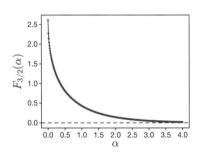

図 5.5　ボーズ－アインシュタイン積分 $F_{3/2}(\alpha)$ の α 依存性

5.5 | 【解法】非線形方程式

　この節では，非線形方程式の解法を考えます．1 変数の非線形方程式は，次のように表されます．

$$f(x) = 0 \tag{5.17}$$

関数 $f(x)$ は非線形関数なので，解は 1 つとは限りません．また，解が存在しない場合もあります．独立変数が 2 つ以上ある場合には，変数の数と同じ数の方程式が必要です．変数を N 次元ベクトル $\boldsymbol{x} = (x_1, \ldots, x_N)$ で表すと，非線形方程式は次のように表されます．

$$\boldsymbol{f}(\boldsymbol{x}) = \boldsymbol{0} \tag{5.18}$$

ここで，関数 $\boldsymbol{f}$ は N 個の関数 $f_i(\boldsymbol{x})$ をベクトルとして並べたもの $\boldsymbol{f} = (f_1, \ldots, f_N)$ です．あるいは，N 次元ベクトル $\boldsymbol{x}$ を受け取り N 次元ベクトルを返す関数と見ることもできます．

　非線形方程式の解法は，大きく次の 2 つに分けられます．

(1) 区間を指定する方法（bracketing methods）
(2) 初期値を指定する方法

(1)の方法は，指定した区間に解があれば必ず答えにたどり着く安全な方法です．アルゴリズムによって，たどり着くまでに必要な繰り返しの数（$f(x)$ を実行する回数）が変わります．ただし，この方法は x が実数の場合にしか使えません．x が複素数の場合，または，変数が 2 つ以上ある場合は，(2)の方法しか使えません．

◆——区間を指定する方法

　このカテゴリーでもっとも単純なものが，**二分法（bisection method）**です．解を挟み込む区間 $[a, b]$ を，$f(a)$ と $f(b)$ の符号が異なるように選び，この区間を半分にする操作を繰り返します．はじめに区間内に解が 1 つ存在すれば，必ずその解にたどり着く安全な方法です．反復回数 n に対し，区間が 2^{-n} に比例して狭まっていきます．$2^{10} = 1{,}024$ なので，10 回の計算で精度が 3 桁上がります．

　二分法の安定性を残しつつ収束性を改善したものが，**ブレント法（Brent's algorithm）**です．二分法に加えて，割線法（後述）による区間の見積もりも同時に行い，

複数の条件からそのどちらかを採用します．その条件式は複雑なので，ここでは紹介しません．詳細は，たとえば文献[1]を参照してください．

　区間を指定する方法を使用する場合に注意しなければならないのは，区間 $[a, b]$ に必ず「1つだけ」解が存在していなければならないという点です（**図 5.6**(a)）．区間 $[a, b]$ を選ぶ際に，「$f(a)$ と $f(b)$ の符号が異なる」という条件だけだと，図(b)のように，区間内に1つではなく3つ，あるいはそれ以上の解が存在してしまう場合があります．そのときは，いずれか1つの解が得られます．$f(x)$ の関数形をある程度事前に調べて，解を1つだけ挟み込むように区間を指定する必要があります．

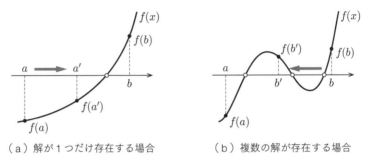

　（a）解が1つだけ存在する場合　　　　（b）複数の解が存在する場合

図 5.6　区間を指定する方法

◆──初期値を指定する方法

　x の初期値 $x = x^{(0)}$ を指定する方法では，関数 $f(x)$ の値がゼロに近づくように x の値を更新していきます．$f(x)$ の微分 $f'(x)$ が計算できる場合には，$x = x^{(n)}$ における $f(x)$ の接線を求め，その直線が x 軸と交わる点を次の候補 $x^{(n+1)}$ とする方法が考えられます（**図 5.7**(a)）．この方法を**ニュートン法**（**Newton's method**）あるいは**ニュートン－ラフソン法**（**Newton–Raphson method**）とよびます．この方

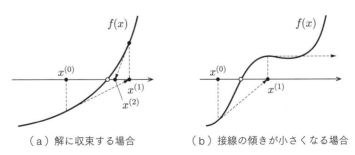

　　（a）解に収束する場合　　　　（b）接線の傾きが小さくなる場合

図 5.7　ニュートン法

法は，関数 $f(x)$ を $x = x^{(n)}$ の周りでテイラー展開して 2 次の項を無視する近似なので，誤差が $\epsilon^{(n+1)} \propto (\epsilon^{(n)})^2$ のように二乗に従って小さくなります（2 次収束）．したがって，前述の二分法と比べて収束が速い方法です．

しかし，初期値 $x = x^{(0)}$ の選び方によっては，解にたどり着けない場合があります．たとえば，図 (b) のように，関数 $f(x)$ が停留点（あるいは極大・極小）をもっているとき，接線の傾きが小さくなり，次の候補点がはるか遠くに行ってしまいます．そのため，ほかの安全な方法を使ってある程度の精度で解を求めておいたあと，ニュートン法を使って精度を高めるという使い方が有効です．

関数 $f(x)$ の微分が利用できない場合には，**割線法（secant method）** を利用します．割線法では，$f(x^{(n)})$ と $f(x^{(n-1)})$ を結ぶ直線が x 軸と交わる点を次の候補 $x^{(n+1)}$ とします．ニュートン法における接線を，2 点を通る直線で代用している，と見ることもできます．

多変数の非線形方程式 (5.18) の場合には，安定して解にたどり着ける一般的な方法はありません．とくに，初期値に近い解に収束するかどうか，あるいはいずれかの解に収束するかどうかは保証されません．ほとんどの方法は，1 変数の場合の微分 $f'(x)$ と同様に，**ヤコビアン（Jacobian）** $J_{ij} = \partial f_i / \partial x_j$ の情報を使って解を更新していきます．初期値 $\boldsymbol{x}^{(0)}$ の選び方が極めて重要です．

Library　　**SciPy による 1 次元非線形方程式の解法**

非線形方程式を解く関数は，SciPy の `scipy.optimize` モジュールに含まれています．このモジュールは，最適化（最小化・最大化）や最小二乗フィットなども含む大きなモジュールです．方程式の解を求める関数は，SciPy documentation の「API reference」→「Optimization and root finding」にまとまっています．

1 変数の非線形方程式 (5.17) を解くには，`root_scalar` 関数を使います．公式ドキュメントからインターフェースを確認します．

```
scipy.optimize.root_scalar(f, args=(), method=None, bracket=None, fprime=None,
    fprime2=None, x0=None, x1=None, xtol=None, rtol=None, maxiter=None,
    options=None)
```

おもな引数を，**表 5.1** に示します．

method に指定可能なソルバーとその特性の一覧をまとめた表を，公式ドキュメントから**図 5.8** に引用します．「Domain of f」は関数の値が実数か複素数か，「Bracket?」は挟み込む方法（区間を指定する方法）かどうか，「Derivatives?」は微分を使うか

表 5.1　scipy.optimize.root_scalar 関数のおもな引数

引数	説明
f（関数オブジェクト）	$f(x)$ の値を返す関数
args（tuple）	関数 f の第 2 引数以降の値❍p.138
method（str）	数値解法（ソルバー）を指定
bracket（tuple）	挟み込み区間（method に依存）
fprime（関数オブジェクト）	$f'(x)$ の値を返す関数（method に依存）
x0（float）	初期値 x_0（method に依存）

Domain of f	Bracket?	Derivatives? fprime	fprime2	Solvers	Convergence Guaranteed?	Rate(s)(*)
R	Yes	N/A	N/A	• bisection • brentq • brenth • ridder • toms748	• Yes • Yes • Yes • Yes • Yes	• 1 "Linear" • >=1, <= 1.62 • >=1, <= 1.62 • 2.0 (1.41) • 2.7 (1.65)
R or C	No	No	No	secant	No	1.62 (1.62)
R or C	No	Yes	No	newton	No	2.00 (1.41)
R or C	No	Yes	Yes	halley	No	3.00 (1.44)

図 5.8　scipy.optimize.root_scalar 関数で使用可能なソルバーの特性のまとめ（公式ドキュメント[注4]より）

どうか，「Solvers」は解法の名前，「Convergence Guaranteed?」は収束が保証されているか，「Rate(s)」は収束の速さです．Rate(s) の括弧前の数値は反復回数を基準にした速さで，括弧内の数値は関数 $f(x)$ の計算回数を基準にした速さです．

　x が実数であれば挟み込み法が使えるので，ブレント法（method='brentq'）を使っておけば間違いありません．この場合は，引数 bracket を使って，bracket=(xmin, xmax) のように区間を与えます．挟み込み区間の指定が難しい場合，または x が複素数の場合には，割線法（method='secant'）やニュートン法（method='newton'）を使用します．ニュートン法の場合には，引数 fprime と x0 を使って，それぞれ導関数 $f'(x)$ と初期値 x_0 を与える必要があります．

　戻り値は，scipy.optimize.RootResults クラスのオブジェクトです．このクラスのもつ属性は，**表 5.2** のとおりです．また，このクラスオブジェクトを print 関数に渡すと，これらの属性が見やすい形で出力されます．出力例は 5.6 節や 5.7 節で示します．

注4　https://docs.scipy.org/doc/scipy/reference/optimize.html

表 **5.2**　scipy.optimize.RootResults クラスの属性

属性	説明
root（float）	方程式の解
iterations（int）	反復回数
function_calls（int）	関数 func を呼び出した回数
converged（bool）	収束した場合は True
flag（str）	計算が終了した原因（収束した場合は 'converged'）

Library　**SciPy による多次元非線形方程式の解法**

多変数の非線形方程式(5.18)を解くには，scipy.optimize.root 関数を使用します．公式ドキュメントによると，この関数の引数は以下のようになっています．

```
scipy.optimize.root(fun, x0, args=(), method='hybr', jac=None, tol=None,
    callback=None, options=None)
```

1 変数の場合と違い，method にデフォルト値が設定されています．method='hybr' は，パウエル（Powell）のハイブリッド法とよばれる方法で，内部で MINPACK という Fortran ライブラリを使用します．第 5 引数の jac はヤコビアンです．ヤコビアン J_{ij} の表式がわかっている場合には，その関数を与えます．この引数を与えない場合には，ヤコビアンを関数 $f(x)$ から数値的に見積もるので，その分計算量が多くなります．

戻り値は，scipy.optimize.OptimizeResult クラスのオブジェクトです．その属性のうち主要なものだけ，**表 5.3** に示します．

表 **5.3**　scipy.optimize.OptimizeResult クラスの属性

属性	説明
x（np.ndarray）	方程式の解
nit（int）	反復回数
nfev（int）	関数 func を呼び出した回数
success（bool）	収束した場合は True
message（str）	計算が終了した原因

5.6 | **例題** ボーズ−アインシュタイン凝縮

◆——ボーズ−アインシュタイン凝縮とは

ヘリウム（He）の原子核は陽子 2 個と中性子 2 個からなり，フェルミオンが偶数個あるので，原子核全体としてはボゾンとみなせます．ヘリウムガスを室温から冷やしていくと，4.2 K で液体になります．そしてこの液体をさらに冷やすと，2.17 K 以下で粘性がゼロになる**超流動**状態になります．粘性がゼロの液体は，たとえば，容器の壁を伝って容器から漏れ出すなど，不思議な現象を示します．この超流動状態は，ボゾンが**ボーズ−アインシュタイン凝縮**をした結果です．この超流動状態への変化が起こる転移温度では，比熱の温度変化にカスプ（尖った部分のこと）が観測されます．本例題では，ボーズ−アインシュタイン凝縮に伴う比熱のカスプを数値計算により再現します．

◆——計算式

ボーズ−アインシュタイン凝縮に関連した物理量を計算するには，まず化学ポテンシャル μ を決める必要があります．これを無次元化した量 $\alpha \equiv -\mu/k_\mathrm{B}T$ を考えます．ボーズ−アインシュタイン凝縮の転移温度を T_c とすると，$T < T_\mathrm{c}$ では $\alpha = 0$ となります．一方，$T > T_\mathrm{c}$ では，次の方程式を満たすように α が決まります．

$$F_{3/2}(\alpha) = \zeta(3/2)t^{-3/2} \tag{5.19}$$

ここで，$F_s(\alpha)$ は式 (5.16) で与えられるボーズ−アインシュタイン積分，$\zeta(x)$ はゼータ関数，t は無次元化した温度 $t \equiv T/T_\mathrm{c}$ です．関数 $F_s(\alpha)$ の逆関数が解析的に表せないので，方程式 (5.19) は数値的に解く必要があります．

α の値が求められれば，各種熱力学量が計算できます．たとえば，比熱は

$$\frac{C}{Nk_\mathrm{B}} = \begin{cases} \dfrac{15}{4}\dfrac{F_{5/2}(\alpha)}{F_{3/2}(\alpha)} - \dfrac{9}{4}\dfrac{F_{3/2}(\alpha)}{F_{1/2}(\alpha)} & (t > 1) \\[3mm] \dfrac{15}{4}\dfrac{\zeta(5/2)}{\zeta(3/2)}t^{3/2} & (t < 1) \end{cases} \tag{5.20}$$

によって得られます．非線形方程式 (5.19) を数値計算で解き，比熱の温度依存性をグラフにします．

◆——実装

まずは，温度 $t \equiv T/T_{\mathrm{c}}$ を固定して比熱を計算します．$t = 1.5$（変数 t）とします．

プログラム 5.3 bec.py

```python
 1: import numpy as np
 2: from scipy import optimize  # 非線形方程式
 3: from scipy import special  # 特殊関数
 4: from bec_integ import bose_einstein_integral  # ボーズ-アインシュタイン積分
 5:
 6: # alphaの満たす方程式
 7: def func_alpha(alpha, t):
 8:     return bose_einstein_integral(1.5, alpha) * t**1.5 - special.zeta(1.5)
 9:
10: # alphaを計算
11: def calc_alpha(t, a_min=0, a_max=100, verbose=False):
12:     if t <= 1:
13:         return 0
14:     sol = optimize.root_scalar(func_alpha, args=(t,), method='brentq',
                bracket=(a_min, a_max))
15:     if verbose:
16:         print(sol)  # 結果のまとめを出力
17:     return sol.root
18:
19: # 比熱を計算
20: def calc_specific_heat(alpha, t):
21:     if t<=1:
22:         z52 = special.zeta(2.5)  # ゼータ関数
23:         z32 = special.zeta(1.5)
24:         return 15. * z52 / (4. * z32) * t**1.5
25:     else:
26:         f12 = bose_einstein_integral(0.5, alpha)
27:         f32 = bose_einstein_integral(1.5, alpha)
28:         f52 = bose_einstein_integral(2.5, alpha)
29:         return 15. * f52 / (4. * f32) - 9. * f32 / (4. * f12)
30:
31: def main():
32:     t = 1.5  # 無次元温度T/T_c
33:     alpha = calc_alpha(t, verbose=True)  # alphaを計算
34:     c = calc_specific_heat(alpha, t)  # 比熱Cを計算
35:     print(f"alpha = {alpha:.8g}")
36:     print(f"c = {c:.8g}")
37:
38: if __name__ == '__main__':
39:     main()
```

解説

import 文（4 行目） ボーズ－アインシュタイン積分には，5.4 節で作成した関数を
使用します．この 1 文により，bec_integ.py のファイル内で定義された関数
bose_einstein_integral が使用できるようになります．bec_integ.py は，bec.py

と同じディレクトリにおく必要があります.

func_alpha 関数（6〜8行目）　与えられた α の値に対して，方程式(5.19)の両辺の差を計算する関数です．第1引数 alpha が方程式の変数，第2引数 t がパラメータになります．パラメータの値は，非線形方程式を解く際に args 引数で指定します.

calc_alpha 関数（10〜17行目）　scipy.optimize.root_scalar 関数⊃p.144を使って方程式(5.19)を解きます．ブレント法（method='brentq'）は挟み込み法の1つなので，解の範囲を指定します．5.4節の例題で得た図5.5から，$F_{3/2}(\alpha)$ は $\alpha \geq 0$ で単調減少関数だとわかります．よって，方程式(5.19)の解はただ1つです．そこで，確実に解を挟み込むために，範囲を広めに設定し，$[0, 100]$ としています.

実行結果は以下のとおりです.

```
実行結果
      converged: True
           flag: 'converged'
 function_calls: 17
     iterations: 16
           root: 0.1611444339662607
alpha = 0.16114443
c = 1.7103442
```

最初の5行は print(sol)（16行目）の出力です．計算が収束していることが確認できます．関数の呼び出し回数（function_calls）は17回です．二分法（method='bisect'）で試したところ48回だったので，ブレント法の効率がよいことがわかります.

◆——温度変化

比熱の温度変化を計算するために，別ファイルに main 関数だけ新たに作ります．先ほど作った関数は，import 文によりインポートします．無次元温度 t を tmin=0 と tmax=3 の間で n=301 点とり，比熱の結果を数値として出力します.

プログラム 5.4 bec_t.py

```python
1: import numpy as np
2: # bec.pyから関数をインポート
3: from bec import calc_alpha, calc_specific_heat
4:
5: def main():
6:     tmin, tmax = 0, 3
7:     n = 301
8:     for t in np.linspace(tmin, tmax, n):  # tに関するループ
9:         alpha = calc_alpha(t, verbose=False)  # alphaを計算
10:        c = calc_specific_heat(alpha, t)  # 比熱Cを計算
```

```
11:            print(f"{t:.4f} {alpha:.5e} {c:.5e}")
12:
13: if __name__ == '__main__':
14:     main()
```

　計算結果をファイルに出力し，プロットした比熱 C の温度変化が**図 5.9** です．ボーズ－アインシュタイン凝縮に特徴的な比熱のカスプが確認できます．比熱 $C(T)$ のカスプ構造は相転移の際にしばしば観測される特徴で，実験から相転移の存在を決定する 1 つの証拠となります．

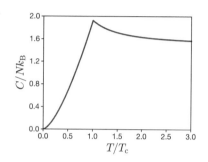

図 5.9　ボーズ－アインシュタイン凝縮系における比熱の温度変化

5.7 | 例題 イジング模型の平均場近似

　この節では，式(5.3)のエネルギーで定義されるイジング模型を平均場近似によって解き，相転移に伴う物理量の特徴的な温度変化をグラフにします．

◆——イジング模型の統計力学

　実際の計算に進む前に，イジング模型が相転移を記述することを直感的に見ます．統計力学によると，温度 T における平衡状態（熱平衡状態）はヘルムホルツの自由エネルギー

$$F = E - TS \tag{5.21}$$

を最小にするように決まります．E は平均エネルギー，S はエントロピーです．絶対零度 $T = 0$ では第 2 項がゼロになり，$F = E$ です．したがって，**エネルギーが最小の状態が絶対零度の平衡状態，すなわち基底状態**です．一方，温度が高いとき

には，第1項よりも第2項が効くため，第2項を最小にするように熱平衡状態が決まります．これはつまり，**エントロピーを最大化する状態が高温の熱平衡状態**ということです．

さて，具体的にイジング模型の平衡状態を考えます．エネルギー $E(\sigma)$ が最小となるのは，σ_i が $+1$ または -1 のどちらかにそろった配置です．したがって，基底状態は強磁性状態（秩序状態）です（**図 5.10**（左））．一方，エントロピー S が大きいのはスピンがランダムに配置された状態です（図（右））．全体として磁化はゼロになります．したがって，高温の熱平衡状態は非磁性状態（無秩序状態）ということになります．低温の強磁性状態と高温の非磁性状態は，対称性が異なります．具体的には，すべてのスピンの向きを同時に反転させる時間反転の操作により，非磁性状態は変化しませんが，強磁性状態では磁化の向きが反転します．つまり，強磁性状態は時間反転対称性が破れた状態です．対称性の異なる状態は明確に区別されます．したがって，2つの状態（相）の間には必ず境界があります．たとえるなら，氷と水の区別のようなものです．温度 T を変化させたときに，ある温度 T_c でがらりと状態が変化します．これが**相転移現象**です．とくに，対称性の破れを伴う相転移のことを，**自発的対称性の破れ**とよびます．

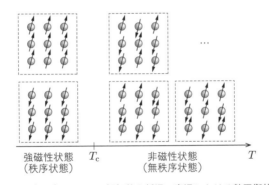

図 5.10 イジングモデルにおける相転移と低温・高温における熱平衡状態の模式図

◆——平均場近似の自己無撞着方程式

5.1.3 項で述べたように，イジング模型の平均磁化を厳密に評価することは困難です．**平均場近似**（**mean-field approximation**）は，相転移の本質を捉えたもっとも簡単な近似です．平均場近似では，平均磁化 $m = \langle \sigma_i \rangle$ は，自己無撞着方程式とよばれる以下の非線形方程式を解くことで決定できます．

$$m = \tanh(\beta z J m) \qquad (5.22)$$

ここで，β は逆温度 $\beta = 1/k_{\mathrm{B}}T$，$z$ は最近接格子点の数を表します．

方程式(5.22)は $m = 0$ の解をつねにもちますが，$m \neq 0$ の解（自発磁化といいます）ももつ場合があることは図で理解できます．**図 5.11** は，式(5.22)の左辺と右辺を m の関数として図示したものです．3 つの実線が右辺 $y = \tanh(\beta z J m)$ を，破線が左辺 $y = m$ を表します．実線と破線の交点が式(5.22)の解を与えます．この図から，低温（$\beta z J > 1$）で $m \neq 0$ の解が存在することがわかります．実際，転移温度が $k_{\mathrm{B}}T_{\mathrm{c}} = zJ$，自発磁化の値が絶対零度 $T = 0$ で $m = \pm 1$，転移温度近傍 $T \simeq T_{\mathrm{c}}$ で $m = \pm\sqrt{3(1 - T/T_{\mathrm{c}})}$ になることが解析的に示せます．しかし，中間の温度領域ではこのように簡単に表せません．数値計算を使って方程式(5.22)を解き，温度の関数として自発磁化 m を求めます．

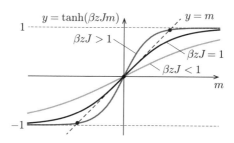

図 5.11　平均場近似方程式(5.22)を表すグラフ

磁化 m が求められれば，エントロピー S と比熱 C はそれぞれ以下のように計算できます．

$$\frac{S}{Nk_{\mathrm{B}}} = -\frac{1+m}{2}\ln\frac{1+m}{2} - \frac{1-m}{2}\ln\frac{1-m}{2} \qquad (5.23)$$

$$\frac{C}{Nk_{\mathrm{B}}} = \frac{m^2(1 - m^2)}{t[t - (1 - m^2)]} \qquad (5.24)$$

ここで，$t \equiv T/T_{\mathrm{c}}$ です．これが転移温度近傍でどのように変化するかを調べます．

◆——実装

まずは，1 つの温度における磁化 m，エントロピー S，比熱 C を計算して出力します．パラメータは $t = 0.5$（変数 t）とします．コード内では，$zJ = 1$（変数 zJ）とおくことが温度を無次元化させたことに対応しています．変数 h=0 は外部磁場で

す（課題を参照）.

プログラム 5.5 ising_mf.py

```python
 1: import numpy as np
 2: from scipy import optimize
 3:
 4: # 自己無撞着方程式
 5: def func(m, zj, beta, h):
 6:     return m - np.tanh(beta * (zj * m + h))
 7:
 8: # 自己無撞着方程式を満たす解mを返す関数
 9: def find_solution(zj, t, h, bracket=(1e-6, 1), verbose=False):
10:     beta = np.inf if t==0 else 1./t  # 逆温度beta
11:     sol = optimize.root_scalar(func, args=(zj, beta, h), method='brentq',
            bracket=bracket)
12:     if verbose:
13:         print(sol)  # 結果のまとめを出力
14:     return sol.root  # 解を返す
15:
16: # エントロピーを返す関数
17: def calc_entropy(m):
18:     if abs(m)==1:  # m=1は別扱い
19:         return 0
20:     s = 0
21:     for x in [(1.0+m)/2.0, (1.0-m)/2.0]:
22:         s -= x * np.log(x)
23:     return s
24:
25: # 比熱を返す関数
26: def calc_specific_heat(m, zj, t):
27:     if abs(m)==1:  # m=1は別扱い
28:         return 0
29:     t_tc = t / zj  # T / T_c
30:     c = m**2 * (1.0-m**2) / (t_tc * (t_tc - (1.0-m**2)))
31:     return c
32:
33: def main():
34:     t = 0.5  # 温度T
35:     zj = 1.0  # 相互作用zJ
36:     h = 0.0  # 外部磁場H
37:     m = find_solution(zj, t, h, verbose=True)  # 自己無撞着方程式を解く
38:     s = calc_entropy(m)  # エントロピーを計算
39:     c = calc_specific_heat(m, zj, t)  # 比熱を計算
40:     print(f"zJ = {zj:.8g}")
41:     print(f"T  = {t:.8g}")
42:     print(f"h  = {h:.8g}")
43:     print(f"m  = {m:.8g}")
44:     print(f"S  = {s:.8g}")
45:     print(f"C  = {c:.8g}")
46:
47: if __name__ == '__main__':
```

```
48:    main()
```

解説

func 関数（4~6 行目）　式(5.22)を $f(m) = 0$ の形に変形して，$f(m)$ を返すように
　　します．第 1 引数の m が決定したい変数で，第 2 引数以下はパラメータです．
　　root_scalar 関数の args 引数に与えた数値が zj, beta, h に入ります．

find_solution 関数（8~14 行目）　与えられたパラメータに対して方程式(5.22)を解
　　き，m の値を返す関数です．温度 t から逆温度 beta=1/t への変換（10 行目）で
　　は，t=0 の場合に beta=np.inf をセットすることで，t=0 も扱えるようにしてい
　　ます．多くの NumPy の関数は，無限大を扱えるようになっています．
　　　非線形方程式の解法として，標準的なブレント法（method='brentq'）を使用
　　します．ブレント法は挟み込み法の 1 つなので，解の範囲を bracket 引数にタプ
　　ル形式で与えます．いま，$m \neq 0$ の非自明な解を得たいので，$m = 0$ を除外し
　　て，$[10^{-6}, 1]$ を指定しています．ただし，この値は外部からも変更できるように，
　　find_solution 関数でデフォルト引数として値を与える設計にしています．実際
　　に，外部磁場がある場合には調整する必要があります．verbose 引数は，詳細な結
　　果を出力するオプションです．
　　それ以外の関数では特別なことはしていないので，説明は省きます．

実行結果は以下のとおりです．

実行結果

```
      converged: True
           flag: 'converged'
 function_calls: 9
     iterations: 8
           root: 0.9575040240772688
zJ = 1.0
T  = 0.5
h  = 0.0
m  = 0.95750402
S  = 0.10285711
C  = 0.36594804
```

　最初の 5 行は，13 行目の出力です．m はほぼ 1 で，強磁性状態になっていること
が確認できます．関数の呼び出し回数（function_calls）はわずかに 9 回です．ち
なみに，二分法を使った場合（method='bisect'）には，関数呼び出しは 41 回でし
た．ブレント法の効率のよさがわかります．

◆──温度変化

さて，方程式を正しく解けていることが確認できたら，温度変化のグラフを作ってみます．そのために，先ほど作った関数 find_solution を使い回して，main 関数だけを新たに作ります．温度 $t \equiv T/T_{\rm c}$ を tmin=0 から tmax=1 まで n=201 刻みで変えて計算し，結果の数値を出力します．先ほどと同じく，$zJ = 1$ とおくことで温度 T を無次元化しています．変数 h=0 は外部磁場です（課題で使用）．

プログラム 5.6 ising_mf_t.py

```
 1: import numpy as np
 2: # ising_mf.pyファイルから関数をインポート
 3: from ising_mf import find_solution, calc_entropy, calc_specific_heat
 4:
 5: def main():
 6:     h = 0
 7:     tmin, tmax = 0, 1
 8:     n = 201
 9:     for t in np.linspace(tmin, tmax, n):
10:         try:  # 例外処理 ❶
11:             m = find_solution(1., t, h)
12:             s = calc_entropy(m)
13:             c = calc_specific_heat(m, 1., t)
14:         except ValueError as e:  # 例外ValueErrorをキャッチ
15:             print(f"# {t:.4f} {e}")
16:         else:  # エラーが出なかった場合
17:             print(f"{t:.4f} {m:.5e} {s:.5e} {c:.5e}")
18:
19: if __name__ == '__main__':
20:     main()
```

解説

3 行目のインポート文により，ising_mf.py で定義されている関数を使えるようになります．ising_mf.py とこのファイルは，同じディレクトリに置く必要があります．

温度を変化させながら find_solution 関数などを繰り返し呼び出して，結果を取得します．❶その際，方程式の解が見つからなかった場合のエラーに対応するために，**例外処理**（**exception handling**）をしてあります．エラーが発生する可能性のある処理を try ブロックの中に書きます（10〜13 行目）．このブロック内で例外（ValueError など）が発生したら，ブロック内の以降の処理は省略されて，その例外に対応した except ブロックが実行されます（14 行目）．これを「例外をキャッチする」といいます．対応する except ブロックがない場合には，プログラムが終了します．もし，try ブロックがエラーなしで終了した場合には，else ブロックが実行されます（16 行目）．

実行結果を以下に示します．

実行結果

```
（省略）
0.9850 2.10856e-01 6.70749e-01 1.46402e+00
0.9900 1.72511e-01 6.78192e-01 1.47601e+00
0.9950 1.22229e-01 6.85658e-01 1.48800e+00
# 1.0000 f(a) and f(b) must have different signs
```

　最後の行が except ブロックの出力です．$t = 1$ の場合は，$m \neq 0$ の解が存在しないので，非線形方程式の解が得られず，root_scalar 関数が例外を発生させます．もし例外処理をしなかった場合には，次のようなエラーが出てプログラムが終了します．

```
Traceback (most recent call last):
（中略）
ValueError: f(a) and f(b) must have different signs
```

　この最後のエラー出力のコロンの前「ValueError」が例外の名前です．例外処理をしたい場合には，エラー出力を確認して，該当する例外の名前を確認するところから始めます．

　今回の場合は，解が得られない場合にエラーが発生しないように，呼び出し先の関数 find_solution を書き換えることもできます．しかし，いつも元の関数を書き換えられるわけではありません．そのような場合に，関数の外で例外処理をしておくことも，動くプログラムを手っ取り早く作るために有効な手段です．例外処理については，文献[2]に詳しい説明があります．

　得られた磁化 m の温度依存性を，**図 5.12** に示します．今回は，数値結果をいったんファイルに保存してから，別に図を作成しました．実線が数値的に得られた平均場近似の解で，参考のために，$T = T_{\rm c}$ 近傍における解析解 $m = \sqrt{3(1 - T/T_{\rm c})}$

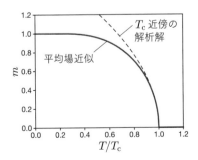

図 5.12　平均場近似で得られた平均磁化 m の温度依存性

を破線で示しています. $T < T_c$ において自発磁化が発生し, T_c 近傍における近似解と $T = 0$ の極限解 $m = 0$ をつなげた解が得られています.

エントロピー S と比熱 C を**図 5.13** に示します. 図 5.12 と同じく, 実線が平均場近似の数値解, 破線が T_c 近傍における解析解 $S/Nk_B = \ln 2 - (3/2)(1 - T/T_c)$, $C/Nk_B = (3/2)T/T_c$ です. エントロピーは非磁性相 $T > T_c$ で $S/Nk_B = \ln 2 \approx 0.693$ です. この「2」は, 各スピンが上向きと下向きの 2 状態を自由にとることができることに起因する, 自由度の 2 を表しています. $T < T_c$ で温度の低下とともに S は減少し, $T = 0$ で $S = 0$ になります. 基底状態では縮退が残っていないためです. 比熱 C はエントロピー S と $C = T\partial S/\partial T$ の関係があります. S は連続ですが, C は $T = T_c$ で不連続になります. このように, 比熱が $T = T_c$ で不連続に変化する相転移を**2 次相転移**といいます. イジング模型は, 2 次相転移の生じる基本的な模型です.

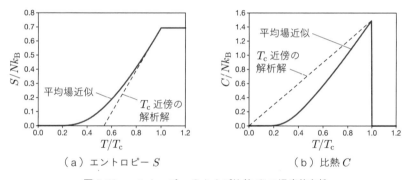

図 5.13 エントロピー S および比熱 C の温度依存性

課題 5.1 外部磁場がある場合には, 式(5.3)のエネルギーに新しい項 $-h\sum_i \sigma_i$ が加わります. 自己無撞着方程式(5.22)は $m = \tanh[\beta(zJm + h)]$ となります. このとき, m, S, C の温度依存性はどのようなグラフになるでしょうか. とくに, $h = 0$ とは定性的に異なる点があるので確認してみましょう.

課題 5.2 系の磁化のしやすさを表す帯磁率 χ は, $\chi = dm/dh$ で定義されます. 平均場近似では, χ は磁化 m から

$$\chi = \frac{1 - m^2}{k_B T_c[T/T_c - (1 - m^2)]} \tag{5.25}$$

で計算できます. $h = 0$ における χ の温度依存性を図示し, 転移温度において χ が発散することを確認しましょう.

5.8 | 解法 モンテカルロ法

イジング模型の熱平衡状態における磁化の表式(5.4)は非常に多くの項を含むため，コンピュータでも実行できません．このような場合に，乱数を使用して無限和を有限個のサンプリングによって評価する方法が**モンテカルロ法**（**Monte Carlo method**）です．

モンテカルロ法のアイデアをよりわかりやすくするために，1 次元の積分を考えます．いま，重み関数 $w(x)$ による関数 $f(x)$ の平均値

$$F = \frac{\displaystyle\int_{-\infty}^{\infty} f(x)w(x)dx}{\displaystyle\int_{-\infty}^{\infty} w(x)dx} \tag{5.26}$$

を計算したいとします．変数 x を十分細かい間隔で離散化すると，この積分は集合 $\{x_i\}$ に関する和として表せます．

$$F = \frac{\displaystyle\sum_i f(x_i)w(x_i)}{\displaystyle\sum_i w(x_i)} \tag{5.27}$$

いまは 1 変数に関する積分を考えていますが，多重積分であっても，すべての積分変数について離散化すれば，式(5.27)と同じ形で表せます．その場合，関数の引数 x_i が $(x_i, y_i, z_i, \dots)$ のように複数の変数に置き換わりますが，和が 1 つのインデックス i で表される点は変わりません．いずれにしても，和が厳密に実行できないほど i の要素数が多い状況を考えます．

式(5.27)において，i に関する和をランダムに抽出したサンプル $i \in \mathrm{random}$ で置き換えることで，近似的に評価することができます．

$$F \approx \frac{\displaystyle\sum_{i \in \mathrm{random}} f(x_i)w(x_i)}{\displaystyle\sum_{i \in \mathrm{random}} w(x_i)} \tag{5.28}$$

これにより，和を現実的な時間で実行することが可能になります．しかし，効率はよくありません．なぜなら，ランダムに選ばれたサンプルの中には，$w(x_i)$ がほと

んどゼロになっていて式(5.27)の和に寄与しないような成分も多く含まれるからです．例として，**図 5.14**(a)のように，重み関数 $w(x)$ が鋭いピーク構造（たとえばガウス分布）をもっている場合を考えます．ランダムサンプリングでは，重み $w(x_i)$ の大きさによらず，全領域で一様にサンプルが選ばれるため，$w(x_i)$ がほとんどゼロの領域も計算することになってしまいます．

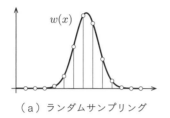
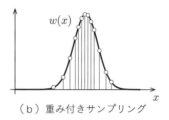

（a）ランダムサンプリング　　（b）重み付きサンプリング

図 5.14　1 変数の重み関数 $w(x)$ に対するサンプリングの例

サンプルをランダムに抽出する代わりに，重み $w(x_i)$ に比例した確率で抽出すれば，式(5.27)を効率よく評価することができます（図(b)）．これを**重み付きサンプリング**とよびます．この場合，式(5.28)に代わり

$$F \approx \frac{1}{N_{\mathrm{MC}}} \sum_{i \in \mathrm{MC}} f(x_i) \qquad (5.29)$$

により平均値 F が計算されます．$i \in \mathrm{MC}$ は重み $w(x_i)$ に比例する確率に従って生成されたサンプルの集合を表し，N_{MC} はサンプルの総数です．添え字 MC は，Monte Carlo の略です．サンプルの生成の際に重み $w(x_i)$ を考慮しているので，F は $f(x_i)$ の単純平均で評価できます．

先ほど，「重み $w(x_i)$ に比例した確率に従ってサンプルを生成」と書きました．$w(x_i)$ がガウス関数のような関数形で与えられている場合には，サンプルの生成は比較的簡単にできます．しかし，イジング模型のようにスピン配置 $\boldsymbol{\sigma}$ から重み $w(\boldsymbol{\sigma})$ が決まる（式(5.5)）ような複雑な場合には，簡単ではありません．重みに従ったサンプルの生成法は，5.9 節で解説します．

Library　**NumPy による乱数生成**

モンテカルロ法の例題に進む前に，乱数の生成法について解説しておきます．Python で乱数を利用するには，NumPy の numpy.random モジュールを使用します．default_rng 関数を呼び出して乱数ジェネレータ（random number generator，あ

えて訳すなら乱数生成器）を生成し，ジェネレータのメソッドを呼び出すことで乱
数を取得します．例を示します．

```
>>> seed = 12345  # 乱数の種
>>> rng = np.random.default_rng(seed)  # ジェネレータを初期化
>>> rng.random()
0.22733602246716966
```

seed は乱数の「種」です．seed が同じ数字であれば，得られる乱数列は何度実行
しても，計算環境が変わっても同じです．このように，ランダムに見えて実はある
規則に従って生成される乱数列のことを，**疑似乱数（pseudo-random numbers**）と
よびます．seed 引数を指定しない場合には，環境に依存した適当な数値が使われま
す．したがって，計算に再現性はありません．プログラムの作成段階では，seed を
固定して計算に再現性をもたせておくほうがよいでしょう．

　なお，以前（NumPy バージョン 1.17 より前）は，上述のようなジェネレータを
用いるインターフェースではなく，np.random.random() のように関数を呼び出し
て乱数を生成するインターフェースが用いられていました．しかし，現在ではジェ
ネレータの使用が推奨されています．ジェネレータオブジェクトを保持することで，
乱数列の管理が明確になり，たとえばプログラムの中で乱数列を複数保持すること
も容易にできます．

表 5.4　NumPy での乱数生成メソッド

メソッド	説明
rng.random(size=None)	$[0, 1)$ の範囲の一様乱数を返すメソッド．size で配列の形（shape）を指定する．size の指定がない場合には，実数が 1 つ返される．$[a, b)$ の範囲の乱数が欲しい場合には，(b - a) * random() + a とする．
rng.integers(low, high=None, size=None, endpoint=False)	low から high 未満までの整数のいずれかを返すメソッド．high を省略した場合（引数に整数を 1 つだけ与えた場合）は，0 から low 未満の整数になる．endpoint=True を指定すると，上限が含まれる（「未満」が「以下」になる）．
rng.permutation(x, axis=0)	x が数値の場合は，0 から x 未満までの整数をランダムに並べ替えた配列を返すメソッド．x が配列の場合には，x の要素をランダムに並べ替えた新しい配列を返す．axis で並べ替える軸を指定する．
rng.normal(loc=0.0, scale=1.0, size=None)	正規分布（ガウス関数）に従う乱数を返す．loc は平均値，scale は標準偏差．

　NumPyには，一様乱数だけでなく正規分布などの確率分布に従った乱数を発生させる機能も豊富にあります．**表5.4**に例を挙げます．このほかにも，非常に多くのメソッドが用意されています．詳細は，NumPy Referenceの「Routines」→「Random Generator」のページを参照してください．

5.9 | **例題** イジング模型のモンテカルロシミュレーション

◆——モンテカルロ法

　イジング模型の熱平衡状態における磁化の表式(5.4)は非常に多くの和を要すため，コンピュータでも実行できません．そこで，5.8節の重み付きサンプリングの方法を適用して磁化を評価します[注5]．

$$m \approx \frac{1}{N_{\mathrm{MC}}} \sum_{\boldsymbol{\sigma} \in \mathrm{MC}} m(\boldsymbol{\sigma}) \equiv \langle m(\boldsymbol{\sigma}) \rangle_{\mathrm{MC}} \tag{5.30}$$

ここで，$\boldsymbol{\sigma} \in \mathrm{MC}$ は式(5.5)で与えられる重み $w(\boldsymbol{\sigma})$ に比例する確率で生成された配置 $\boldsymbol{\sigma}$ の集合，N_{MC} はサンプルの総数です．$m(\boldsymbol{\sigma})$ は $m(\boldsymbol{\sigma}) = \sum_i \sigma_i / N$ で定義され，配置 $\boldsymbol{\sigma}$ におけるサイトあたりの磁化を表します．以降，重み付きサンプリングによる平均を記号 $\langle \cdot \rangle_{\mathrm{MC}}$ で表します．

　さて，どのようにすれば重み $w(\boldsymbol{\sigma})$ に比例した確率でサンプルを生成できるでしょうか．実際の計算では，配置 $\boldsymbol{\sigma}$ を少しずつ更新（update）することで次々と配置を生成していきます．その際，以下の条件を満たすような更新を行うと，正しく重み付きサンプリングできることがわかっています．

(1) 更新を無限に行えばすべての状態に到達できること（**エルゴード性**）

(2) **詳細釣り合い**を満たすように更新すること

(1)の条件が満たされていないと偏ったサンプルになってしまい，本来の熱平均の正しい評価にならなくなってしまいます．(2)の詳細釣り合いの条件は，配置 $\boldsymbol{\sigma}_0$ から $\boldsymbol{\sigma}_1$ への遷移確率を $P_{0\to1}$，逆の遷移確率を $P_{1\to0}$ とすると

注5　イジング模型はほとんどの統計力学の教科書で取り上げられていますが，モンテカルロシミュレーションについては，とくに文献[4]で詳しく解説されています．

$$\frac{P_{0\to 1}}{P_{1\to 0}} = \frac{w(\boldsymbol{\sigma}_1)}{w(\boldsymbol{\sigma}_0)} = e^{-\beta \Delta E_{10}} \tag{5.31}$$

で与えられます. ここで, $\Delta E_{10} \equiv E(\boldsymbol{\sigma}_1) - E(\boldsymbol{\sigma}_0)$ と定義しました. 式(5.31)は遷移確率の比を重み $w(\boldsymbol{\sigma})$ の比にとっておけばよいということを意味しています. これにより, 重み $w(\boldsymbol{\sigma})$ の大きい配置が優先的に選ばれ, 図 5.14(b)のような重み付きサンプリングが実現されるわけです.

詳細釣り合いの式(5.31)は遷移確率の比を与えますが, それを満たす遷移確率は一通りではありません. 代表的なものとして, **メトロポリス法 (Metropolis method)** と熱浴法 (heat bath method) が知られています. 本書では, メトロポリス法を使います. メトロポリス法の遷移確率は次の式で与えられます.

$$P_{0\to 1} = \begin{cases} 1 & (\Delta E_{10} \leq 0) \\ e^{-\beta \Delta E_{10}} & (\Delta E_{10} > 0) \end{cases} \tag{5.32}$$

エネルギーが下がる更新は確率 1 で採用し, エネルギーが上がる更新はエネルギー差で決まる確率で採否を決定します. 実際の計算では, 0 から 1 の間の一様乱数を生成し, それが $e^{-\beta \Delta E_{10}}$ よりも小さければ更新を採用します.

配置 $\boldsymbol{\sigma}$ の更新はなるべく少しずつ行うと更新確率が大きくなり, 効率よく配置を変更できます. そのため, スピンを 1 つだけ反転させる更新 (single spin flip) が基本となります. サイト i のスピンを反転 ($\sigma_i \to -\sigma_i$) させるとき, 式(5.32)の指数の部分は次のようになります.

$$e^{-\beta \Delta E_{10}} = \exp\left(-2\beta J \sigma_i \sum_{j \in \mathrm{nn}(i)} \sigma_j\right) \tag{5.33}$$

ここで, 和の $j \in \mathrm{nn}(i)$ は, サイト i に隣接するサイト (nearest neighbor) に関する和を表します. 反転させるスピンとその周辺のスピンのみを見ればよいので, 式(5.33)は簡単に評価ができます. この更新をすべてのスピンに対して次々と行うことで, 系全体のスピン配置を更新します.

◆——実際の計算の流れ

実際のプログラムにおける試行と測定の流れを, **図 5.15** に示します. スピンを反転する試行をすべてのスピンに対して 1 回ずつ行う操作を, スイープ (sweep) とよびます. 適当な初期状態から始めて, まず, スイープを繰り返します. これを,

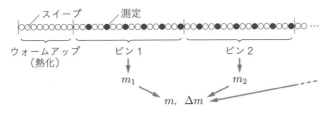

図 5.15 モンテカルロシミュレーションにおける試行と測定の流れ

ウォームアップ（warmup）や熱化（thermalization）とよびます．この間は準備段階であり，物理量の測定は行いません．ウォームアップを十分行わずに測定を始めてしまうと，初期状態に近い，重み $w(\boldsymbol{\sigma})$ の小さな配置を取り入れてしまうことになります．

　十分にウォームアップを行ったあとで，物理量の測定（measurement）を開始します．測定と測定の間には 1 回以上スイープを行います．2 回の連続する測定の間に相関がないのが理想です．相関がなくなるスイープ回数の目安を，自己相関時間（auto-correlation time）とよびます．自己相関時間は，系が大きくなるほど，相転移温度に近づくほど長くなります．自己相関時間の中で繰り返し測定を行っても，有効なサンプルは増えません．今回は，測定に時間がかからないので，簡単のためスイープ 1 回ごとに測定を行っています．

　こうして得られる測定値の平均をとって，式(5.30)により磁化を評価しますが，サンプル数は有限なので，その結果は誤差をもちます．この誤差は，乱数の種によっても変わり，統計誤差とよばれます．得られる結果の信頼度を評価するには，複数の異なるサンプルにより得られた結果から，統計誤差の大きさを見積もる必要があります．1 回のシミュレーションで統計誤差を見積もるには，ビンニング（binning）というテクニックを使います．ある程度の数の測定の集合を，ビン（bin）とよびます．ビンごとに物理量を平均して，それを 1 つの見積もり値とします．これにより得られた複数の見積もり値から標準偏差を計算することで，統計誤差を得ることができます．

◆──**実装**

　今回の実装において，とくにループの中心部分では，高速化のための工夫をしています．そのため，可読性は犠牲になってしまっているのでご了承ください．系の次元は固定せずに，2 次元の正方格子だけでなく，3 次元の立方格子や 4 次元，5 次

元の超立方格子も扱えるように設計しています.

　パラメータは, 系のサイズを system=(8, 8), 無次元温度 $t \equiv k_{\mathrm{B}}T/J = 1/\beta J$ を t=4 とします. また, モンテカルロ計算におけるサンプル数, ビンの数, ウォームアップ数はそれぞれ n_measure=1000, n_bin=10, n_warmup=100 とします.

プログラム 5.7 mc.py

```python
 1: import numpy as np
 2: from collections import namedtuple
 3:
 4: # メトロポリス法の判定式（更新を行う場合にはTrueを返す）
 5: def accept(p, rand):
 6:     return p > rand  # rand=[0,1) なので, p>=1 ならつねにTrue
 7:
 8: # サイトiのスピンを反転
 9: def flip(_state, i):
10:     _state[i] ^= True
11:
12: # 確率 p = e^{-beta*E_1} / e^{-beta*E_0}
13: def prob_flip(_mc, i):
14:     state = _mc.state
15:     state_nn = state[_mc.indices_nn[i]]  # 最近接サイトのスピン配置
16:     num_up = np.count_nonzero(state_nn)  # 最近接サイトのアップスピンの数
17:     if state[i]:  # spin up
18:         return _mc.prob_up[num_up]
19:     else:  # spin down
20:         return _mc.prob_dn[num_up]
21:
22: # スイープを行う関数
23: def sweep(_mc):
24:     state = _mc.state
25:
26:     # 事前に必要な数だけ乱数を生成しておく
27:     randn = _mc.rng.random(state.size)  # 乱数 [0,1)
28:     sites = _mc.rng.permutation(state.size)
                # サイトのインデックスをランダムに並べ替えた配列
29:
30:     # すべてのスピンを1回ずつランダムに選んで反転の試行を行う
31:     for i, rand in zip(sites, randn):
32:         p = prob_flip(_mc, i)  # 更新確率
33:         if accept(p, rand):  # 更新をするかどうか
34:             flip(state, i)  # 更新
35:
36: # 物理量を測定して, 結果を1次元配列として返す関数
37: def measure(_mc):
38:     state = _mc.state
39:     m = 2 * np.count_nonzero(state) - state.size  # 全スピン
40:     m /= state.size  # 1スピンあたり
41:     return np.array([m, m**2])
42:
```

```python
43: # 最近接格子点のインデックスを生成
44: def gen_indices_nn(system):
45:     ndim = len(system)  # 空間次元
46:     size = np.prod(system)  # サイトの総数
47:     z = 2 * ndim  # 最近接格子の数
48:
49:     # サイトの通し番号（0からsize-1）
50:     index = np.arange(size).reshape(system)  # (nx, ny) for ndim=2
51:
52:     # 最近接格子点の番号を取得
53:     indices_nn = []
54:     for axis in range(ndim):
55:         indices_nn.append(np.roll(index, 1, axis=axis))
56:         indices_nn.append(np.roll(index, -1, axis=axis))
57:     indices_nn = np.array(indices_nn)  # リストをNumPy配列に変換
58:     assert indices_nn.shape == (z,) + system  # (z, nx, ny)
59:
60:     indices_nn = np.moveaxis(indices_nn, 0, -1)  # (z, nx, ny) → (nx, ny, z)
61:     assert indices_nn.shape == system + (z,)
62:
63:     indices_nn = indices_nn.reshape(-1, z)  # (nx, ny, z) → (nx*ny, z)
64:     assert indices_nn.shape == (size, z)
65:
66:     return indices_nn
67:
68: # MC計算で使用する変数を1つにまとめておく ❶
69: MC = namedtuple('MC', ['state', 'indices_nn', 'rng', 'prob_up', 'prob_dn'])
70:
71: # 初期化
72: def mc_init(system, J, beta, seed):
73:     size = np.prod(system)  # サイトの総数
74:
75:     # スピン配置（アップならTrue, ダウンならFalse）
76:     state = np.full(size, True, dtype=bool)  # すべてアップスピン
77:
78:     # 乱数生成器
79:     rng = np.random.default_rng(seed)
80:
81:     # 最近接サイトのインデックス
82:     indices_nn = gen_indices_nn(system)
83:
84:     # 更新確率 e^{-2 K s_i sum_j s_j} を事前に計算
85:     # prob_up, prob_dn のインデックスは最近接サイトのアップスピンの数
86:     prob_up = []  # s_i = up の場合
87:     prob_dn = []  # s_j = down の場合
88:     K = J * beta  # 無次元化した相互作用
89:     z = 2 * len(system)  # 最近接格子点の数
90:     for num_up in range(z+1):
91:         sum_sigma = 2 * num_up - z  # sum_j s_j
92:         prob_up.append(np.exp(-2 * K * sum_sigma))
93:         prob_dn.append(np.exp(2 * K * sum_sigma))
```

```
 94:
 95:        return MC(state, indices_nn, rng, prob_up, prob_dn)
 96:
 97: # MC計算を行う関数（この関数をmainから呼び出す）
 98: def run_mc(system: tuple, J, beta, n_mc, seed=1):
 99:     n_bin, n_measure, n_warmup = n_mc
100:
101:     print("Initializing MC...")
102:     mc_data = mc_init(system, J, beta, seed)
103:
104:     print("Warming up...")
105:     for _ in range(n_warmup):  # ウォームアップ
106:         sweep(mc_data)
107:
108:     print("Measuring...")
109:     quant = []  # 各ビンごとの結果を入れるリスト
110:     for _ in range(n_bin):
111:         quant_bin = []  # 測定データを入れるリスト
112:         for _ in range(n_measure):
113:             sweep(mc_data)  # スイープ
114:             quant_bin.append(measure(mc_data))  # 測定
115:         quant.append(np.array(quant_bin).mean(axis=0))  # ビン内で平均
116:     quant = np.array(quant)
117:     print(f"  obtained data shape: {quant.shape}")
118:
119:     quant_mean = quant.mean(axis=0)  # ビンごとに平均化
120:     quant_std = quant.std(axis=0)  # 標準偏差
121:     return quant_mean, quant_std
122:
123: def main():
124:     system = (8, 8)  # 系のサイズ
125:     t = 4  # 温度（k_B=1）
126:     n_measure = 1000  # サンプル数
127:     n_bin = 10  # ビンの数
128:     n_warmup = 100  # ウォームアップ数
129:     n_mc = (n_bin, n_measure, n_warmup)
130:     q_mean, q_std = run_mc(system, J=1, beta=1/t, n_mc=n_mc)  # MC計算
131:     print(f"mean: {q_mean}")
132:     print(f"std : {q_std}")
133:
134: if __name__ == '__main__':
135:     main()
```

解説

　スピン状態は bool 型の 1 次元配列で表し（76 行目の state 変数），True がアップスピン，False がダウンスピンとします．1 次元配列で表しているため，系の次元によらない計算が可能になっています．系のサイズを表す system 変数は，初期化（mc_init 関数およびそこから呼び出す関数）でのみ使用します．

accept 関数（4〜6 行目）　式(5.31)で定義される遷移確率の比 $e^{-\beta \Delta E_{10}}$ を受け取って，更新を採用するかどうかを判定します．採用なら True，不採用なら False を返します．今回はメトロポリス法（式(5.32)）を使っていますが，たとえば熱浴法に変更したい場合には，この関数を書き換えます．

flip 関数（8〜10 行目）　スピン σ_i を反転します．スピンは bool 型で表しているので，記号 ^ で True との排他的論理和 XOR をとることで反転できます．

prob_flip 関数（12〜20 行目）　式(5.33)で与えられる $e^{-\beta \Delta E_{10}}$ を返す関数です．ただし，この式の計算はここでは行いません．この関数は，モンテカルロループの中心部において，スピンを反転させる試行を行うたびに呼び出されます．そのため，この関数における処理のわずかな違いでも，計算時間に大きな違いが生じます．事前にできる処理はなるべく事前に行っておき，この関数の中では処理をなるべく少なくするように意識することが重要です．式(5.33)の exp は時間のかかる計算です．そこで，$\exp(-2\beta J \sum_{j \in \text{nn}(i)} \sigma_j)$ と $\exp(2\beta J \sum_{j \in \text{nn}(i)} \sigma_j)$ を事前に計算して保存しておき，反転させるサイトの σ_i が +1 なら前者を，-1 なら後者を返すようにします．プログラムでは，隣接サイトにあるアップスピンの数を np.count_nonzero 関数を使って数え（16 行目），それをインデックスとして，exp 部分の値を格納したリストから取得しています．

sweep 関数（22〜34 行目）　スイープを行います．乱数の生成には，乱数ジェネレータのメソッドを使用します❍p.159．rng.random メソッドにより，$[0,1)$ の範囲の一様乱数を取得します（27 行目）．このメソッドを繰り返し呼ぶことを避けるため，1 回のスイープで必要となる N 個の乱数をまとめて生成します．rng.permutation メソッドにより，0 から $N-1$ までの整数がランダムに並んだ配列を取得します（28 行目）．この配列を使って，すべてのスピンを 1 回ずつランダムな順序で選び，スピン反転の試行を行います．

measure 関数（36〜41 行目）　物理量の測定を行います．磁化 m は，式(5.30)に従い，$m(\boldsymbol{\sigma}) = \sum_i \sigma_i/N$ の測定により求めます．$\sum_i \sigma_i = N_\uparrow - N_\downarrow = 2N_\uparrow - N$（$N_\uparrow$ はアップスピンの数）の関係を使い，$N_\uparrow$ は，np.count_nonzero 関数を使ってスピン配置を表す NumPy 配列中の True の数を数えることで得ます（39 行目）．また，磁化 $m(\boldsymbol{\sigma})$ だけでなく，その二乗 $m(\boldsymbol{\sigma})^2$ も測定します．この量を計算する目的は，結果とあわせて説明します．

gen_indices_nn 関数（43〜66 行目）　式(5.33)の評価で必要になる，あるサイト i に隣接するサイト $j \in \text{nn}(i)$ の一覧を生成する関数です．系のサイズと同じ shape の NumPy 配列に 0 から $N-1$ の通し番号を格納しておき（50 行目），これを各軸方向に ±1 ずらすことで，隣接サイトの番号をもつ配列を生成します（54〜56 行目）．60〜64 行目では，NumPy 配列をあとで使いやすい形に変形し，変形するたびに，assert 文❍p.188で配列の形が意図どおりになっていることを確認してい

ます.

mc_init 関数（68〜95 行目） 初期化を行います．初期状態では，すべてアップスピン（True）としています．86〜93 行目では，prob_flip 関数で使用する，$\exp(\mp 2\beta J \sum_{j\in\mathrm{nn}(i)}\sigma_j)$ の値を格納したリストを生成しています.

❶シミュレーション中に保持する必要のあるオブジェクトは，namedtuple を使ってまとめています◗A.4節．こうすることで，関数にたくさんの変数を渡す必要がなくなり，記述がシンプルになりバグも防げます．ちなみに，このように複雑になってくると，オブジェクトと関連する関数をひとまとめにした**クラス（class）** を使うのが便利なのですが，本書ではクラスは使わない方針です（用語は A.7 節を参照）.

run_mc 関数（97〜121 行目） 図 5.15 の流れに従いモンテカルロ計算を実行する関数です．モデルに関するパラメータ（系のサイズ，相互作用定数 J，逆温度 β，モンテカルロ計算のサンプル数など）を受け取り，モンテカルロ計算を実行して物理量の平均値と統計誤差を返します．初期化（102 行目）をしたあと，まずはウォームアップをします（105〜106 行目）．ビンに関するループ（110〜115 行目）と測定に関するループ（112〜114 行目）の 2 重ループ構造です．このループの中心で，スイープと測定を 1 回ずつ行います．測定結果はリスト quant_bin に入れておき（114 行目），ビンごとに平均して，その結果を別のリスト quant に追加していきます（115 行目）．最後に，quant に保存しておいたビンごとの平均値から，全平均値と標準偏差を計算します．平均や標準偏差の計算には，NumPy 配列のメソッド mean や std を利用すると簡単に実行できます.

main 関数（123〜132 行目） main 関数からは run_mc 関数のみ実行します．モデルに関するパラメータとモンテカルロ計算に関するパラメータを与えて，物理量の平均値と統計誤差をそれぞれ NumPy 配列として受け取ります.

実行結果は以下のとおりです．計算は数秒で終わります.

実行結果

```
Initializing MC...
Warming up...
Measuring...
  obtained data shape: (10, 2)
mean: [0.00124687 0.06723467]
std : [0.01352477 0.00324031]
```

最後の 2 行が平均値（mean）と誤差（std）で，左の数値が平均磁化 m，右側が磁化の二乗平均 $\overline{m^2}$ です．m の結果は，平均値が誤差よりも小さいので，$m=0$ を意味しています．つまり，非磁性状態です．平均場近似◗5.7節での転移温度は $t_{\mathrm{c}}=z=4$（z は最近接格子点の数）ですが，実際の転移温度はそれよりも小さい値です．したがって，今回のパラメータ $t=4$ は高温側の非磁性相での計算になっています.

次に，温度を低温側の $t = 1$ に変更（125 行目）して計算した結果を以下に示します（最後の 2 行のみ）．

実行結果

```
mean: [0.99929375 0.99861289]
std : [0.00016489 0.00032457]
```

今度は 1 に近い平均磁化が出ており，誤差も 10^{-4} と十分小さいので，この結果は自発磁化が出ている強磁性状態を意味します[注6]．

◆――温度依存性

さて，温度変化を計算して，低温で磁化が発生すること（相転移）を確認します．先ほどのファイル mc.py の run_mc 関数を繰り返し実行します．温度 $t = k_{\mathrm{B}}T/J$ を tmin=0.5 から tmax=5.0 まで nt=10 点とります．その他のパラメータは，main 関数の最初の部分を見てください．

プログラム 5.8　mc_t.py

```
 1: import numpy as np
 2: from mc import run_mc  # mc.pyから関数をインポート
 3:
 4: def main():
 5:     system = (8, 8)  # 系のサイズ
 6:     tmin, tmax = 0.5, 5.0  # 温度範囲
 7:     nt = 10  # 温度点の数
 8:     n_measure = 1000  # ビンあたりの測定回数
 9:     n_bin = 10  # ビンの数
10:     n_warmup = 100  # ウォームアップの回数
11:     filename = "mc_t.dat"  # 保存ファイル名
12:
13:     ts = np.linspace(tmin, tmax, nt)  # 温度メッシュ
14:     qs = []  # 結果を保存するリスト
15:     for t in ts:
16:         print("\n================")
17:         print(f"T = {t}")
18:         n_mc = (n_bin, n_measure, n_warmup)
19:         q_mean, q_std = run_mc(system, J=1, beta=1/t, n_mc=n_mc)  # MC計算
20:         print(f"mean: {q_mean}")
21:         print(f"std : {q_std}")
22:         qs.append([q_mean, q_std])  # 結果をリストqsに追加
23:
24:     print("\n================")
25:     print("finish")
26:
```

注6　厳密にいえば，有限サイズの系では相転移は起こらないので，自発磁化は生じません．十分長い時間計算をすれば，磁化 $m(\boldsymbol{\sigma})$ がプラスとマイナスの両方をとり，平均値はゼロになります．

```
27:        # リストqsをNumPy配列に変換して整形
28:        qs = np.array(qs)  # shape=(nt, 2, nq); nqは物理量の個数
29:        qs = np.transpose(qs, [0, 2, 1])  # -> (nt, nq, 2)
30:        qs = qs.reshape((nt, -1))  # -> (t, 2*nq)
31:        print(qs.shape)
32:
33:        # 結果をテキストファイルに保存
34:        #   format: T q1_mean q1_std q2_mean q2_std ...
35:        np.savetxt(filename, np.hstack([ts[:, None], qs]))  # ❶
36:        print(f"Output results into '{filename}'")
37:
38: if __name__ == '__main__':
39:        main()
```

解説

　for ループで温度 t に関するループを回し（15 行目），結果をリスト qs に追加していきます（22 行目）．このようにデータを追加していく場合には，NumPy 配列よりもリストが適しています❷1.2.1項．結果が出そろったあとで，リスト qs を NumPy 配列に変換して，必要に応じて整形します（28～30 行目）．なお，q_mean と q_std は複数個（nq）の物理量をもった配列であり，いまの場合は，m と $\overline{m^2}$ の 2 つなので nq=2 です．

　結果はファイルに保存します．モンテカルロ法のように計算に時間のかかるプログラムでは，結果をいったんファイルに保存しておいて，グラフ作成などの後処理は別プログラムで行うのが無難です．❶今回は，np.savetxt 関数を使って，NumPy 以外のソフトウェアでも読めるようなテキスト形式で保存します❷B.6節．np.hstack 関数は 2 つの 2 次元配列を横方向に結合する関数で，ts[:, None] は 1 次元配列を 2 次元配列に変換する書き方です❷B.5節．

　計算は 20 秒程度で終わります．出力されたテキストファイル mc_t.dat の中身は以下のようになっています．1～3 列目が順に，温度 t，磁化 m の平均値，統計誤差で，実際は 4～5 列目に $\overline{m^2}$ と統計誤差が続く，全 5 列のデータです．

```
5.000000000000000000e-01 1.000000000000000000e+00 0.000000000000000000e+00 省略
1.000000000000000000e+00 9.992937499999999806e-01 1.648863244784328852e-04
1.500000000000000000e+00 9.865593750000000162e-01 1.107983281970010159e-03
2.000000000000000000e+00 5.653593750000001084e-01 5.034265866775692322e-01
省略
```

　このデータをグラフにします．誤差棒（エラーバー）付きのグラフは，ax.errorbar メソッドで作成できます．この関数ははじめて登場するので，以下にスクリプトを示します．

プログラム 5.9 mc_plot_m.py

```python
 1: import numpy as np
 2: import matplotlib.pyplot as plt
 3:
 4: file_dat = "mc_t.dat"
 5: file_fig = "mc_t.pdf"
 6:
 7: data = np.loadtxt(file_dat)  # テキストファイルからデータを読み込み
 8: print(data.shape)
 9:
10: # スライスを使って，2次元配列から1次元配列を抜き出す
11: t = data[:, 0]  # 温度
12: m_mean = np.absolute(data[:, 1])  # 磁化の平均値
13: m_std = data[:, 2]  # 統計誤差
14:
15: # グラフ作成
16: fig, ax = plt.subplots()  # オブジェクト指向インターフェース
17: opt = dict(
18:     linestyle = 'solid',  # 線の種類
19:     linewidth = 1,  # 線の幅
20:     color = 'blue',  # 線の色
21:     ecolor = 'dimgray',  # 誤差棒の色
22:     elinewidth = 1,  # 誤差棒の線幅
23:     capsize = 2,  # 誤差棒の端の横棒の長さ
24:     marker = 'o',  # マーカーの種類
25:     markersize = 6,  # マーカーのサイズ
26:     markeredgewidth = 1,  # マーカーの淵の線幅
27:     markeredgecolor = 'darkblue',  # マーカーの淵の色
28:     markerfacecolor = 'lightblue',  # マーカーの内側の色
29: )
30: ax.errorbar(t, m_mean, m_std, **opt)  # 誤差棒付きグラフ
31: ax.axhline(y=0, color='k')  # x軸
32: # ax.set_xlim(left=0)
33: ax.set_xlabel(r"$t$")  # xラベル
34: ax.set_ylabel(r"$m$")  # yラベル
35: fig.savefig(file_fig)  # グラフをファイルに保存
```

得られたグラフを**図 5.16**(a)に示します．$t \lesssim 2.5$ で m が有限になり，強磁性状態になっていることがわかります．相転移温度は $t = 1.5$ と 2.5 の間にあるように見えますが，誤差棒が大きすぎて，この図からは判定できません．しかしながら，少ないサンプル数で統計誤差の大きな結果からでも，およその振る舞いを確認して当たりをつけられるのがモンテカルロ法のよいところです．

$t = 2.0$ で極端に誤差が大きいのは，磁化 $m(\boldsymbol{\sigma}) = \sum_i \sigma_i / N$ がプラスとマイナスの間を長い時間をかけて移り変わっているためです．そのため，m の結果からは転移温度を精度よく決定できません．そこで，磁化の二乗平均を計算します．

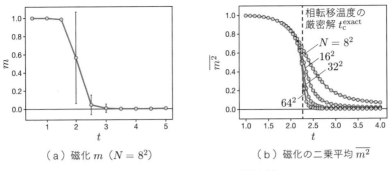

（a）磁化 m（$N = 8^2$）　　　　　（b）磁化の二乗平均 $\overline{m^2}$

図 5.16　平均磁化 m の温度依存性

$$\overline{m^2} = \langle m(\boldsymbol{\sigma})^2 \rangle_{\mathrm{MC}} \tag{5.34}$$

この量は，$m(\boldsymbol{\sigma})$ がプラスとマイナスの間でゆらいでも常に正であるため，安定して評価できます．また，$N \to \infty$ の極限において，$T < T_{\mathrm{c}}$ でのみ有限になるため，秩序変数の役割をします

　それでは，$\overline{m^2}$ をより大きな系で精度を上げて計算してみます．変更したパラメータだけ以下に示します．

```
system = (32, 32)
n_measure = 10000
n_bin = 10
n_warmup = 1000
```

サイズは $N = 8^2$，16^2，32^2，64^2 と変化させます．得られたグラフを図 5.16（b）に示します．温度は，転移温度近傍を細かくとるように，何回かに分けて計算をしました．温度 1 点あたり $N = 32^2$ で数分，$N = 64^2$ で 20 分程度の時間がかかりました．2 次元正方格子のイジング模型は厳密解が知られており，（無次元の）転移温度は次の式で与えられます．

$$t_{\mathrm{c}}^{\mathrm{exact}} = \frac{2}{\ln(1 + \sqrt{2})} \approx 2.269 \tag{5.35}$$

図 5.16（b）の縦破線は，この温度を示しています．m と比べて $\overline{m^2}$ は転移温度近くでも誤差が小さく，統計精度が高いことがわかります．また，サイズが大きくなるほど転移温度における傾きが大きくなり，この計算の精度の範囲で，モンテカルロ計算と厳密解の転移温度が一致していることが確認できます．

課題 5.3 比熱 C および帯磁率 χ は，次式のように，それぞれエネルギーのゆらぎおよび磁化のゆらぎを評価することで計算できます．

$$C = \frac{\langle E(\boldsymbol{\sigma})^2\rangle_{\mathrm{MC}} - \langle E(\boldsymbol{\sigma})\rangle_{\mathrm{MC}}^2}{k_{\mathrm{B}}T^2} \tag{5.36}$$

$$\chi = \frac{\langle M(\boldsymbol{\sigma})^2\rangle_{\mathrm{MC}} - \langle M(\boldsymbol{\sigma})\rangle_{\mathrm{MC}}^2}{k_{\mathrm{B}}T} \tag{5.37}$$

$\langle\cdot\rangle_{\mathrm{MC}}$ は重み付きサンプリングによる平均を表します ➲式(5.30)．$E(\boldsymbol{\sigma})$ は配置 $\boldsymbol{\sigma}$ における全エネルギー ➲式(5.3)，$M(\boldsymbol{\sigma})$ は全磁化 $M(\boldsymbol{\sigma}) = \sum_i \sigma_i$ です．比熱と帯磁率の温度変化を計算し，転移温度において比熱が鋭いピークを示すこと，また，帯磁率が発散的になること（$N \to \infty$ で発散）を確認しましょう[注7]．

[注7] $\langle M(\boldsymbol{\sigma})\rangle_{\mathrm{MC}}$ が不安定なため（図 5.16），式(5.37)をそのまま評価すると，転移温度近傍で結果が不安定になります．そこで，$\langle M(\boldsymbol{\sigma})\rangle_{\mathrm{MC}}$ を $\langle|M(\boldsymbol{\sigma})|\rangle_{\mathrm{MC}}$ で置き換えて χ を評価する方法が有効です．いろいろ試して，精度よく転移温度を決定する方法を探してみてください．

付録 **Pythonの基礎**

　この付録では，数値計算に必要な Python の基礎をまとめます．本文では前提とした基礎事項から，おろそかにしがちな用語の意味❂A.7節や知っておくと便利な Tips❂A.9節をまとめました．基礎事項の確認に使用してください．

A.1 | データ型

◆──数値型

　Python で数値を扱うデータ型は 3 つ，整数型の int，倍精度浮動小数点型（実数型）の float，倍精度複素数型の complex があります．整数の複素数型はありません．倍精度とは，データサイズが 8 バイト = 64 ビットであることを意味し，有効数字は 15 桁です．Python には，単精度（32 ビット）の浮動小数点型はありません．なお，数値計算で使用する NumPy ライブラリには，単精度も含めてさまざまな数値型が用意されています．

　変数の型は，type 関数を使うことで確認できます．

```
>>> x = 2 - 3j
>>> type(x)
complex
```

1 行目の 3j は，複素数 $3i$ を表します．

　異なる型をもつ変数どうしの演算結果は，自動的に適切な型で返されます．たとえば，整数×整数=整数，実数×整数=実数，複素数×整数=複素数，のように自然な結果となります．ただし，整数での割り算にだけ注意が必要です．Python3 では，**整数での割り算は割り切れるかどうかにかかわらず実数**となります．意図的に結果を整数で得たい場合には，5//3 または int(5/3) と書いて，小数点以下を切り捨てます．

◆──コンテナデータ型

　データ処理を行うには，データの集合をメモリに格納します．このとき，どのようなデータ構造を用いてデータを格納するのがよいかは，その後に行う処理によります．言い換える

と，行いたい処理に応じて，データ構造を適切に選ぶ必要があります．「データ構造によってプログラムの実装方法が決まる」といっても言い過ぎではありません．メモリ上にデータを格納する容器（型）のことを，**コンテナ（container）** とよびます．

　Pythonには，標準で4つのコンテナデータ型が用意されています．**リスト（list）**，**タプル（tuple）**，**辞書（dict）**，**集合（set）** です．また，より目的に特化したコンテナデータ型が標準ライブラリの collections というモジュールにあります．A.2〜A.4節で，これらの中から数値計算でよく使用するコンテナデータ型を，その使いどころとあわせて説明していきます．

A.2 | リスト型（list）

　Python標準の4つのコンテナデータ型の中で，もっともよく使われるのがリストです．リストは，0から始まる整数でラベル付けされた1次元配列です．リストの生成方法は，おもに2通りです．1つめは，[] を使って，生成と同時に初期化を行う方法です．

```
x = [1, 2.0, "apple"]
```

2つめは，いったん空のリストを作っておいてから append メソッドを使って要素を追加していく方法です（用語「メソッド」については，A.7節を参照）．

```
x = []
x.append(1)
x.append(2.0)
x.append("apple")
```

どちらもできあがったリストに違いはありません．リストの各要素には x[0]，x[1]，x[2] のようにアクセスします．

　リストにはどんな型のデータでも格納できます．たとえば，関数やリストも格納できます．また，各要素のデータ型が異なっていても問題ありません．ただし，異なる型のデータを1つのリストに格納する使い方はあまりお勧めしません．for ループですべての要素に同じ処理を施すことがリストの主要な使い道だからです．もし，単に複数のデータをまとめたいだけならば，あとで述べる辞書型[A.3節]や namedtuple[A.4節]のような，各要素に意味のあるラベル付けができるコンテナを使用したほうが，コードの可読性が上がります．

　リストの各要素に関するループは，for と in を組み合わせて次のように書きます．

```
>>> fruits = ['apple', 'orange', 'grape']
>>> for fruit in fruits:
...     print(fruit)
```

```
...
apple
orange
grape
```

シェルスクリプトに似た記法です. これを C 言語や Fortran 風に書くなら

```
for i in range(len(fruits)):
    print(fruits[i])
```

として, 整数インデックス i に関してループを回したくなるところです. しかし, これは Pythonic な書き方ではありません[2]. インデックスが必要な場合は, enumerate 関数を使って次のように書くのが Python 流です.

```
>>> for i, fruit in enumerate(fruits):
...     print(i, fruit)
...
0 apple
1 orange
2 grape
```

リスト内包表記 (**list comprehension**) は, for ループを使って新しいリストを作成する際に使える独特の記法です. たとえば, 上の例で定義した fruits リストが保持する果物の名前の頭文字を大文字に変換した, 新しいリストを作成したいとします. 単純に for ループを使って書くなら, 次のようになります.

```
>>> Fruits = []
>>> for fruit in fruits:
...     Fruits.append(fruit.capitalize())    # 文字列の頭文字を大文字に変換
...
>>> print(Fruits)
['Apple', 'Orange', 'Grape']
```

これをリスト内包表記を使って書くと, 次のように 1 行で書けます.

```
Fruits = [fruit.capitalize() for fruit in fruits]
```

また, 次のように, if で条件をつけて特定の要素だけを抜き出したリストを生成することもできます.

```
>>> [fruit.capitalize() for fruit in fruits if len(fruit)==5]
['Apple', 'Grape']
```

この記法に慣れるとコードがシンプルになり, コードの可読性が上がります. ただし, リスト内包表記を入れ子にするなどの複雑な表現は, かえって可読性を下げてバグにつながります. 内包表記は, シンプルなものに限ったほうが無難です[2].

このように，リストは非常に汎用的で使い道が広いです．ただし，1.2.1 項で述べているように，**数値計算での主役はリストではなく，NumPy 配列です．**数値計算では，リストを使う前にまずは NumPy 配列を検討してください．

A.3 | 辞書型 (dict)

辞書型はリストと同じくコンテナデータ型の 1 つですが，要素の並び順に意味がなく，むしろ適切なラベル付けが好ましい場合に使います．たとえば，果物の価格を保持したいとします．リストを使って，prices = [100, 150, 300] と価格を保持し，同時に果物のリストを fruits = ['apple', 'orange', 'grape'] と別に保持しておくこともできます．この場合，prices[0] とすることでリンゴの価格を取り出せますが，リンゴが何番目に保持されているかを fruits から探さなくてはなりません．prices[0] や prices[1] ではなく，prices['apple'] や prices['orange'] のように情報を取り出せると直感的で便利です．これを実現するのが辞書型です．

辞書型は，{} を使って次のように初期化します．

```
prices = {'apple' : 100, 'orange' : 150, 'grape' : 300}
# 複数行に分けて書いてもよい
prices = {
    'apple' : 100,
    'orange' : 150,
    'grape' : 300,
}
```

コロンの前の 'apple' や 'orange' などを，キー（key）とよびます．最後の行のカンマはなくても問題ありませんが，つけておくと，行を入れ替えたり，新しい要素を追加したときにエラーが出ないので便利です．また，次のような dict 関数を使った初期化も可能です．

```
prices = dict(
    apple = 100,
    orange = 150,
    graph = 300,
)
```

こちらの初期化法は，キーにクォーテーションをつける必要がなくシンプルです．ただし，キーとして文字列しか使用できないという制限があります．{} を使った初期化法の場合には，キーに整数型やタプルを指定することもできます．

リスト型の場合と同様に，いったん空の辞書を作っておき，あとから要素を追加していく初期化法もあります．

```
prices = {}
prices['apple'] = 100
prices['orange'] = 150
prices['grape'] = 300
```

もしキーがすでに存在する場合は，保存されているデータが上書きされます．

辞書型からデータを取り出すには，prices['apple'] のような書き方が一般的です．この場合，キーが存在しないとエラーになります．代わりに get メソッドを使うと，デフォルト値を設定でき，エラーを避けることができます．

```
>>> prices.get('banana', 0)  # キーが存在しない場合に0を返す
0
>>> prices.get('banana')  # デフォルト値を指定しないとNoneがデフォルト値
None
```

この方法も覚えておくと便利です．

辞書型変数のループには，目的に応じて keys()，values()，items() の3つのメソッドを使い分けます．それぞれ，キーのみが必要な場合，値のみが必要な場合，キーと値の両方が必要な場合に使用します．以下に例を示します．

```
>>> for key in prices.keys():  # キーのみが必要な場合
...     print(key)
...
apple
orange
grape
```

```
>>> for val in prices.values():  # 値のみが必要な場合
...     print(val)
...
100
150
300
```

```
>>> for key, val in prices.items():  # キーと値の両方が必要な場合
...     print(key, val)
...
apple 100
orange 150
grape 300
```

ループで現れる**要素の順番は追加した順番とは必ずしも一致しない**ので注意してください．順番を保持したい場合は，dict の代わりに collections.OrderedDict が利用できます ➲ A.4 節．

リスト型と同様に，辞書型にも**内包表記**があります．たとえば，上の例の prices のキー

の頭文字を大文字に変換して新しい辞書を作るには，以下のように書きます．

```
>>> Prices = {fruit.capitalize(): price for fruit, price in prices.items()}
>>> print(Prices)
>>>
{'Apple': 100, 'Orange': 150, 'Graph': 300}
```

これにも慣れておくと，コードがシンプルになります．

A.4 | その他のコンテナデータ型

◆――タプル（tuple）

　タプルは変更不可能な配列です．タプルは () を使って，x=(1.0, 2) のように定義します．リストと似ているので，使いどころに迷う人が多いと思います．実際，タプルでできることはほとんどリストでもできます．基本的にはリストを使い，特定の場面でタプルを使うという認識でよいと思います．「特定の場面」として，たとえば以下が挙げられます．

（1）配列の中身を変更したくない場合
（2）辞書型のキーに使う場合
（3）タプルと == で比較する場合

（1）はタプルの特徴そのものを利用する場合です．プログラムの途中でうっかりデータを変更してしまう可能性をなくせます．（2）の場合にもリストは使えません．辞書型のキーは変更可能であるリストを受け付けないためです．代わりに，タプルを使って次のようにする記法は可能です．

```
x = {}
x[(0, 1)] = 1.5
```

（3）としては，たとえば，NumPy 配列の形（shape）を比較する場合があります．タプルとリストの比較は

```
>>> [1, 2] == (1, 2)
False
```

のように False になってしまうため，タプルを返す関数❷A.5節の値を検証する場合にはタプル型を使う必要があります．

◆──集合型（set)

標準で使用可能な 4 つのコンテナデータ型のうち，最後の 1 つが集合型 set です．その名のとおり，集合を表すためのコンテナです．要素の重複を許さず，順番は保持されません．和集合や積集合などの演算が利用できます．ただし，数値計算では，前述のリスト型や辞書型と比べると使いどころは限られます．

ここでは，1 つだけ使用例を挙げておきます．set の重複を許さない性質を利用して，リストから重複を除くことができます．

```
>>> v = [1, 5, 3, 5, 1, 4]
>>> list(set(v))   # リストから重複を除いた新しいリストを生成
[1, 3, 4, 5]
```

ただし，要素の順番は必ずしも保存されない（環境に依存する）ので注意してください．順番が不定になることを避けるためには，たとえば，sorted(set(v)) により中身がソートされたリストを取得する方法があります．

◆──collections モジュール

標準ライブラリの collections というモジュールに，より高度なコンテナデータ型が用意されています．その中の一部を以下に示します．

- namedtuple：データに名前でアクセスできるタプルの拡張版
- Counter：要素の個数を数える場合に使えるコンテナ➋5.2 節
- OrderedDict：要素が追加された順序を記憶する辞書の拡張版
- deque：リストの末端だけでなく，先頭に対しても append や pop を高速に行えるリストの拡張版
- defaultdict：未設定のキーを呼び出した際の挙動を定義できる辞書の拡張版

namedtuple はその名のとおり，データに名前（フィールドとよばれる）でアクセスできるタプルです．C 言語の構造体のようなものです．使用目的としては辞書に近いですが，要素を変更できない点や，辞書よりもシンプルな記法で要素にアクセスできる点が異なります．namedtuple の使用例を以下に示します[注1].

```
>>> from collections import namedtuple
>>> Box = namedtuple('Box', ['name', 'height', 'width'])   # "型" を定義
>>> box = Box('red', 10, 15)   # すべてのデータを与えてオブジェクトを生成
>>> box.height   # 「ドット＋フィールド名」でデータにアクセス
```

注1　各フィールドのデータ型に関する注釈（annotation）や，デフォルト値を付与できる namedtuple の拡張版もあります．この拡張版は，クラスの継承を使用した記法を使用するので，本書では扱いません．詳細は「typing.NamedTuple」で検索してください．

```
10
```

最初に「型」を定義します．第 1 引数が新しく作る型の名前，第 2 引数がフィールド名のリストです．この定義からオブジェクトを作る際には，すべてのフィールドに対応するデータを同時に与える必要があります．データへのアクセスは，「ドット＋フィールド名」で行います．同様のことはクラスを使っても実装できますが，namedtuple は 1 行で書けるので，クラスを作るまでもないという場合に便利です．関数の戻り値として複数のデータを返したいときに，データを 1 つにまとめるような使い方も便利です．使用例は，2.4 節や5.9 節を参照してください．

A.5 | 関数

　数値計算を行う際に，関数を作ってコードの重複を極力減らすことは，バグを防いだりコードのメンテナンス性を上げるためにとても重要です．また，あるまとまった処理を関数として切り離し，適切な名前をつけることで，プログラムの見通しをよくする効果もあります．処理が長くなってきたら，積極的に関数を作るとよいでしょう．

　関数を定義するには，行頭に def をつけて次のように記述します．

```
def plus(x, y):
    return x + y  # xとyの和を返す
```

引数 x, y の型は指定しません注2．したがって，どのような型でも関数に与えることができます．たとえば，次のように整数を与えたり

```
>>> plus(1, 2)
3
```

次のように文字列を与えることもできます．

```
>>> plus("abc", "def")
'abcdef'
```

文字列どうしの ＋ 演算は，文字列を連結した新しい文字列を返す操作として定義されているためです．

　関数の引数には，オブジェクトへの参照が渡されます．これは，Python の変数がオブジェクトへの参照を保持するものだからです♦A.7節．したがって，関数の内部でオブジェ

注2　型のヒントを書き加えることは可能です．これは注釈（annotation）とよばれます．ただし，あくまでもヒントなので，実行時に型チェックが行われるわけではありません．

クトに対して行った変更は，関数の外側にも反映されるので注意が必要です注3.

　関数の戻り値は，1 つでなくても問題ありません．これは，C 言語や Fortran にはない特長です．たとえば，2 つの整数を受け取ってその商と余りを返す関数は，次のように定義できます．

```
def divide(x, y):
    return x // y, x % y  # 商と余りを同時に返す
```

戻り値は 2 つですが，実際には 1 つのタプル○A.4節が返されます．したがって，次のように 1 つの変数で受けることもできます．

```
>>> result = divide(5, 2)
>>> result
(2, 1)
```

また，次のように 2 つの変数で受けることもできます．

```
>>> a, b = divide(5, 2)
>>> a
2
>>> b
1
```

後者の場合には，戻り値のタプルを展開（unpack）して変数 a と b に代入しています．

　複数の戻り値の中で不要なものがある場合には，不要な戻り値をアンダースコア（_）で受け取るのが慣習になっています．

```
>>> _, b = divide(5, 2)
```

実際には戻り値が破棄されているわけではなく，変数 _ が戻り値を保持しています．しかし，戻り値を使わないという意思表示になります．

　関数の戻り値はいくつでも増やすことができますが，実際には，**戻り値は 3 つ程度までに留めておく**のが無難です[2]．戻り値が増えてくると，戻り値をどのような順番で並べたか忘れてしまい，バグのもとになります．とくに，戻り値の順番に意味のない場合には，長いタプルで返す方法は避けるべきです．また，あとから戻り値を増やしたくなった場合に，すべての関数呼び出しを修正しないといけないというデメリットもあります．3 つ以上の戻り値を返す必要がある場合には，辞書型○A.3節や collections.namedtuple○A.4節を利用して返す方法が有効です．たとえば，4.4 節を参照してください．

注3　ただし，これは数値や文字列には当てはまりません．詳しくは，A.7 節の「変数」の項目を参照してください．

A.6 | 文字列の書式 (f-string)

　数値データを print 関数で出力する際には，桁数などの書式を指定したい場合がありま
す．Python で書式を指定する方法は 3 通りあります．古いものから列挙すると，以下の
とおりです．

(1) **% 演算子**
(2) **format メソッド**
(3) **f 文字列**（**f-string**）（Python3.6 以降）

1 つめの % 演算子は，C 言語の printf 関数に似た方法です．残りの 2 つは書式の指定法
は似ていますが，f 文字列のほうがシンプルに書けることが多いです．以下は両者を比較し
た例です．

```
>>> fruit, price, num = 'oranges', 150, 3
>>> print("{} {} cost {} yen".format(num, fruit, price)) # format メソッド
3 oranges cost 150 yen
>>> print(f"{num} {fruit} cost {price} yen") # f文字列
3 oranges cost 150 yen
```

f 文字列のほうが直感的に書けることがわかります．本書では，おもに f 文字列を使用して
います．ただし，format メソッドのほうがシンプルになる場合もあります．
　f 文字列では，変数のあとにコロン（:）を書いて書式を記述します．以下に例を示します．

```
>>> x = 123.456789
>>> print(f"x = {x:.3f}") # 小数点以下3桁（四捨五入）
x = 123.457
>>> print(f"x = {x:9.3f}") # 9文字分確保して右詰め
x =   123.457
>>> print(f"x = {x:+9.3f}") # 符号をつける
x =  +123.457
>>> print(f"x = {x:.4g}") # 有効数字
x = 123.5
>>> print(f"x = {x:.3e}") # 指数表示
x = 1.235e+02

>>> n = 3
>>> print(f"file_{n:03d}") # ゼロ埋め
file_003
>>> n = 12345
>>> print(f"{n:,}") # 3桁ごとにカンマ区切り
12,345
```

　f 文字列は，**raw 文字列**と同時に使用できます．raw 文字列は，エスケープ記号を含む文

字列（改行を表す \n など）をそのまま表示するモードです．たとえば，Matplotlib のラ
ベルに LaTeX コマンドを使用したい場合に使用します．

```
pi=0.1234
ax.set_title(rf"$\gamma = {pi:.2f}$")
```

この場合，タイトルに $\gamma = 0.12$ と表示されます．

A.7 | オブジェクトとさまざまな用語

　さて，ここまで数値計算に必要な Python の標準機能についてまとめました．本書では
さらに各種ライブラリ（NumPy/SciPy/Matplotlib）を活用しますが，ここで用語につい
て説明しておきたいと思います．NumPy などの公式ドキュメントや解説記事を読むと，ク
ラス，オブジェクト，メソッドなど，さまざまな用語が出てきます．それらの用語の意味
を正しく理解しておかないと，正確な情報を得ることができません．

　重要な用語を以下で順に解説していきます．用語どうしの関係を**図 A.1** にまとめてある
ので，説明とあわせて参照してください．

クラス（**class**）　複数の変数や関数を 1 つにまとめたデータ型のことを，クラスといいま
　　す．Python では，list や dict などのコンテナデータ型はもちろんのこと，int や
　　float などの数値型もすべてクラスです．したがって，Python ではクラスとデータ
　　型は同義です．クラスは自分で作ることができますが，本書では扱いません．

オブジェクト（**object**）　クラスの実体のことを，オブジェクトといいます．別名インスタ
　　ンスともいいます．クラスがデータ型を定義した"設計図"であるのに対して，オブ
　　ジェクトはその設計図をもとに作られた"実物"です．Python では整数型やリスト
　　型などをもつすべてのデータがオブジェクトです．実は，関数もオブジェクトです．

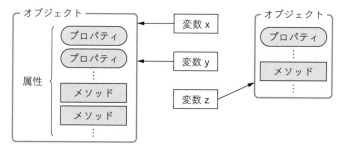

図 A.1　オブジェクトと関連した用語の関係

属性（attribute）　クラスがもつ変数や関数のことを，属性とよびます．属性はプロパティ
とメソッドに分けられます．

プロパティ（property）　クラスが内部でもつ変数のことを，プロパティとよびます．C++
でいうメンバ変数です．外部からアクセスできるプロパティもあれば，アクセスでき
ない（正確にはアクセスが想定されていない）プロパティもあります．x.size のよう
な記法でデータにアクセスします．

メソッド（method）　クラスの内部で定義された関数のことを，メソッドとよびます．C++
でいうメンバ関数です．x.copy() のような方法で実行します．オブジェクト x がも
つ内部情報（プロパティ）を使って何かを行う，もしくは内部情報に対して何かの操
作を行うことが想定されています．この点が通常の関数との違いです．

変数（variable）　変数はオブジェクトへの参照を保持します．たとえば，x=[1,2] と書い
た場合，「変数 x はリスト型オブジェクトへの参照を保持」しています．これを単に，
「x はリスト型オブジェクト」と表現しても問題ありません．ただし，**1 つのオブジェ
クトを複数の変数が参照できる**という点で，変数とオブジェクトには明確な違いがあ
ります．たとえば，y=x により定義された新たな変数 y は変数 x と同じオブジェクト
を参照します^{◉図A.1}．したがって，変数 y を通してオブジェクトに対して行った操作
は，変数 x の結果にも影響します[注4]．

　最初はこれらの用語から意味がすぐに出てこなくて，ドキュメントを読むのに苦労する
かもしれません．用語の意味を繰り返し確認し，用語とイメージを結び付けてください．あ
るオブジェクトがもつすべての属性は，dir 関数を使って取得できます．たとえば，リス
ト型の属性一覧は以下のようにして表示できます．

```
>>> dir(list)
['__add__', '__class__', '__contains__', '__delattr__', '__delitem__',
 '__dir__', '__doc__', '__eq__', '__format__', '__ge__',
 '__getattribute__', '__getitem__', '__gt__', '__hash__', '__iadd__',
 '__imul__', '__init__', '__init_subclass__', '__iter__', '__le__',
 '__len__', '__lt__', '__mul__', '__ne__', '__new__', '__reduce__',
 '__reduce_ex__', '__repr__', '__reversed__', '__rmul__', '__setattr__',
 '__setitem__', '__sizeof__', '__str__', '__subclasshook__',
 'append', 'clear', 'copy', 'count', 'extend', 'index', 'insert', 'pop',
 'remove', 'reverse', 'sort']
```

上の結果のうち，__add__ などのようにアンダースコア 2 つで囲まれた属性は特殊属性と
いい，通常は参照しません．特殊属性を除くと，リスト型は append から sort まで 11 個

注4　ただし，これは数値や文字列には当てはまりません．それらが変更不可（イミュータブル，immutable）
　　　なオブジェクトであり，y=x の操作でコピーが生成されるためです．これに対して，NumPy 配列など
　　　のクラスオブジェクトは変更可（ミュータブル，mutable）であるため，y=x で参照が渡されます．

の属性をもつことがわかります．どれがプロパティでどれがメソッドかは，このリストか
らは区別できません（この場合はすべてメソッドです）．名前から機能を推測して当たりを
つけて，あとは検索して公式ドキュメントを参照すれば，各メソッドの正しい使い方を知
ることができます．

　本書で使用しているライブラリ（NumPy/SciPy/Matplotlib）は，多彩なクラスを提供
します．自分の目的にあったクラスを選び，そのオブジェクトに対してさまざまなメソッ
ドを実行することで，ライブラリを活用していくのです．

A.8 | パッケージとモジュール

　Python の標準機能にはない機能を使用するには，**パッケージ**（**package**）を利用しま
す．パッケージは階層構造になっています．**図 A.2** に，パッケージの構造の例を示します．
1 つのパッケージの下に階層が連なっており，その末端の最小単位を**モジュール**（**module**）
とよびます．モジュールの実体は 1 つのファイルで，ファイルの中に複数の関数やクラス
が定義されています．パッケージの実体は複数のモジュールを含むディレクトリ（フォル
ダ）で，このディレクトリの階層構造がそのままパッケージの階層構造になります．

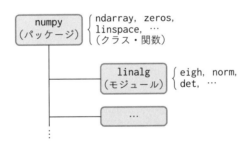

図 A.2　パッケージとモジュールの構成例

　パッケージやモジュールを使用するには，import 文を書きます．通常はスクリプトファ
イルの冒頭に書きますが，使用するよりも前に書いてあれば，どこに書いても構いません．
import 文の書き方は 1 通りではありません．以下に例を示します．

```
import numpy  # numpyパッケージをインポート
import numpy as np  # numpyパッケージをインポートし，npという別名で使用
import numpy.linalg  # linalgモジュールをインポート
from numpy import linalg  # linalgモジュールをインポート
from numpy.linalg import eigh  # eigh関数をインポート
from numpy.linalg import eigh, norm  # eigh関数とnorm関数をインポート
```

1, 2行目は，パッケージ全体をインポートする方法です．そのパッケージ以下のすべてのモジュール・クラス・関数が使用できるようになります（ただし，例外的に SciPy では，このインポート方法は使えません[1.3節]）．関数を使用する際には，階層構造を先頭からたどって，numpy.linalg.eigh() または np.linalg.eigh() と書きます．3, 4行目は，特定のモジュールのみをインポートする方法です．どちらもインポートされるモジュールは同じですが，使用する際の記述方法が異なります．3行目の場合には numpy.linalg.eigh() とフルパスで書きますが，4行目の場合には linalg.eigh() のように，読み込んだモジュール以下のパスのみを記述します．5, 6行目はもっとも制限したインポート方法で，使用する関数・クラスを列挙します．使用する際には，eigh() のように関数名のみを記述します．

　なお，アスタリスク（*）を使用した以下の書き方も可能で，サンプルスクリプトでしばしば見られます．

```
from numpy.linalg import *  # numpy.linalgモジュール内のすべてのクラス・関数をインポート
```

ただし，この書き方はお勧めしません．インポートされたクラス・関数が把握できないからです．とくに，複数のモジュールからアスタリスクでインポートしてしまうと，実際に使用しているクラス・関数がどのモジュールからインポートされたのかわからなくなってしまい，読むことが困難なコードになってしまいます．多少面倒でも，クラス・関数名を列挙するか，モジュールをインポートするようにしましょう．

A.9 | Tips

◆——main 関数

　本書のほとんどのサンプルコードでは，main という名前の関数を定義してそれを実行する形式にしてあります．一見面倒なようですが，わざわざこのようにするのにはもちろん理由があります．その理由をここで説明しておきます．

　まずは，以下のコードを見てみます．

```
def func(x):
    print(x)
    print(y)  # エラーにならない！

x, y = 1, 2  # グローバル変数
func(x)
```

func 関数内で定義されていない変数 y を参照していますが，エラーになりません．func 関数を呼び出す前に，関数の外で変数 y が定義されているからです．

この挙動を理解するには，Python における変数の**スコープ**（**scope**）を理解する必要があります．スコープとは，コード内における変数の有効範囲のことです．Python における変数の**スコープは関数単位**です．関数の中で定義した変数はその関数の外からは見えません．ただし，逆については注意が必要です．関数の外で定義された変数は，**関数の中から見えるが変更できない**というルールになっています．したがって，上の例では，最上位のスコープで定義された変数 y（グローバル変数とよぶ）が関数の中から参照できたわけです．

グローバル変数はどの関数からでも参照できてしまうので，意識しないで使うと危険です．そこで，以下のように書くと，不必要なグローバル変数のない安全なコードになります．

```python
def func(x):
    print(x)
    print(y)  # エラーになる

def main():
    x, y = 1, 2  # ローカル変数
    func(x)

if __name__ == '__main__':  # ❶
    main()
```

この場合は，変数 y のスコープが main 関数の中に限定される（ローカル変数とよぶ）ので，func 関数内で変数 y を参照しようとするとエラーになります．これにより，どこで定義したかわからない変数を誤って参照してしまう（あるいは書き換えてしまう）ことを防ぐことができます．

なお，❶の if 文はこのコード（ファイル）が直接実行された場合には True となりますが，インポートされた場合には False となります．こうすることで，このファイルを，main 関数を実行するメインスクリプトとしてだけでなく，func 関数を外部ファイルに提供するモジュールとしても使用できるようになります．

◆——**assert 文**

アサーション（**assertion**）とは，プログラムの前提条件を示すために使用される，プログラム言語に共通の機構です．Python では，以下の例のように使用します．

```python
a = some_function()  # ある関数から戻り値を受け取る
assert isinstance(a, list)  # 変数aの型がlist型か確認
assert len(a) > 0  # リストaの長さが0より大きいか確認
x = a[-1]
```

assert の右側に書かれた関数や判定文が False（あるいは 0 以外の数値）を返す場合に，その時点でプログラムの実行が終了します（正確には，例外 AssertionError が発生する）．この例では，ある関数 some_function からの戻り値 a がリスト型で 1 つ以上の要素をもっ

ていると仮定して，その後の処理が行われます．このように assert 文を書いておくと，
some_function() の中身が変更されて戻り値が変わってしまった場合に，すぐにエラーに
気づくことができます．また，assert 文は「ここでこうあるべし」というメッセージにも
なります．自分や他人があとでコードを見たときに，すぐにコードの意図をつかむことが
でき，コードの可読性が上がります．

　なお，assert 文はデバッグ目的の機能なので，-O オプションをつけて実行することで
無効にできます．

```
python3 -O script.py
```

したがって，条件判定が増えることによる実行速度の低下を気にすることなく，安全なコー
ドにすることができます．

◆──可変長引数

　NumPy や SciPy などの公式ドキュメントを見ると，次のように，関数やメソッドがア
スタリスク（*）付きの引数を含む場合があります．

```
func(*args, **kwargs)
```

これらは**可変長引数**（**variable arguments**）とよばれ，1つ以上の変数を受け取ることが
できる引数です．とくに，*args を可変長**位置**引数（variable **positional** arguments），
kwargs を可変長キーワード**引数（variable **keyword** arguments）とよびます．たとえ
ば，この関数を func(1, 2.5, a=3.0, b=4) と呼び出すと，最初の2つの引数はタプル
として args=(1, 2.5) に格納され，後ろの2つは辞書として kwargs={'a': 3.0, 'b':
4} に格納されます．

　関数の説明で *args と書いてあったら，何個でも引数を渡せることを意味します．一方，
**kwargs と書いてある場合には，ほかにもオプションで指定できる引数があることを意味
しています．たとえば，Matplotlib の描画メソッドの説明において，共通する引数（色を
指定する color 引数など）はこれに含まれています．

付録 B NumPy/SciPy の使い方

この付録では，NumPy のさまざまな関数や機能を紹介します．基本的な操作はたいてい用意されています．自分で実装する前に，「こんな関数はないかな」と探してみてください．用意された関数を使うことで，シンプルな記法で高速な処理が実現できます．

B.1 | NumPy 配列の生成関数

NumPy 配列を生成する関数は，NumPy Reference の「Routines」→「Array creation routines」にまとめられています．その中から一部の関数を抜粋して**表 B.1** に示します．引数の dtype=None は，dtype を指定しない場合にはデータ型が自動的に選ばれることを意味します．

表 B.1 NumPy 配列を生成する関数

関数	説明
empty(shape, dtype=float)	空の配列を生成（値はランダム）
zeros(shape, dtype=float)	ゼロで初期化された配列を生成
full(shape, fill_value, dtype=None)	fill_value ですべての要素が満たされた配列を生成
identity(n, dtype=float)	$n \times n$ の単位行列を生成
eye(N, M=None, k=0, dtype=float)	$N \times M$ 行列の $(i, i+k)$ 成分が 1 でそれ以外が 0 の配列を生成（identity の拡張版）
arange([start,]stop, [step,], dtype=None)	start(=0) から stop 未満，step(=1) 間隔の数値配列を生成
linspace(start, stop, num=50, endpoint=True)	等間隔の数値配列（等差数列）を生成
logspace(start, stop, num=50, endpoint=True, base=10.0)	対数スケールで等間隔の数値配列（等比数列）を生成（base**start から base**stop まで）
meshgrid(x1, x2, ..., xn)	複数の 1 次元配列から，グリッド上の座標を生成 ➡3.8 節

B.2 数学定数・数学関数

NumPy で提供されている数学定数・数学関数の一覧は，Numpy Reference の「Constants」や「Routines」→「Mathematical functions」にあります．**表 B.2～B.4** に代表的なものを示します．ここではすべて紹介できないほどたくさんあるので，一度は目を通してみることをお勧めします．

なお，一部の関数は，配列の特定の**軸**（**axis**）に対して操作を行うようになっています．ここで，軸とは多次元配列の要素を指定する際の各インデックスを意味します（2 次元配列なら行と列）．たとえば，x[i, j] なら i が axis=0 に，j が axis=1 に対応します．また，axis=-1 は最後の（一番右の）軸を指します．

表 B.2　数学定数

定数	説明
np.pi	円周率 $\pi = 3.141\cdots$
np.e	ネイピア数 $e = 2.718\cdots$
np.euler_gamma	オイラー定数 $\gamma = 0.5772\cdots$
np.inf	無限大
np.nan	非数値（not a number）

表 B.3　代表的な数学関数．引数の x はスカラー量または NumPy 配列を表す．

関数	説明
sin(x), cos(x), tan(x)	三角関数
arcsin(x), arccos(x)	逆三角関数
arctan(x)	逆正接関数（戻り値の範囲は $[-\pi/2, \pi/2]$）
arctan2(x1, x2)	象限を考慮に入れた x1/x2 に対する逆正接関数（戻り値の範囲は $[-\pi, \pi]$）
sinh(x), cosh(x), tanh(x)	双曲線関数
arcsinh(x), arccosh(x), arctanh(x)	逆双曲線関数
exp(x)	指数関数
log(x)	自然対数
log10(x), log2(x)	底が 10 および 2 の対数関数
sqrt(x)	平方根
absolute(x)（abs も等価）	絶対値
sign(x)	符号関数（複素数の場合は実部に対して適用）
real(x), imag(x)	複素数の実部，虚部
angle(x), conjugate(x)（conj も等価）	複素数の偏角，複素共役
around(x, decimals=0)	小数点以下の指定された桁で四捨五入
ceil(x), floor(x)	小数の切り上げ，切り捨て

表 B.4　配列に対する基本的な演算を行う関数．a は NumPy 配列を， axis は操作を行う軸を表す（axis=None はすべての軸の意味）．

関数	説明
prod(a, axis=None)	すべての要素の積
sum(a, axis=None)	すべての要素の和
cumprod(a, axis=None)	累積積（cumulative product）
cumsum(a, axis=None)	累積和（cumulative sum）
diff(a, axis=-1)	連続する要素の差
mean(a, axis=None)	すべての要素の平均値
average(a, axis=None, weights=None)	すべての要素の平均値（重み weights を入力できる点が mean との違い）
amax(a, axis=None), amin(a, axis=None)	最大値または最小値
argmax(a, axis=None), argmin(a, axis=None)	最大値または最小値のインデックス
sort(a, axis=-1)	配列 a をソートした配列
argsort(a, axis=-1)	配列 a をソートした結果のインデックス
where(condition, [x, y,])	条件に応じて x または y を返す❷3.5節．

B.3 | NumPy 配列の操作

NumPy 配列に対して操作を行う関数やメソッドも豊富に用意されています．中でも reshape メソッドは非常に有用です．reshape メソッドは，配列のデータを変えずに形（shape）を変えます．例を示します．

```
>>> v = np.arange(6)    # 0から5までの整数配列を生成
>>> print(v)
[0 1 2 3 4 5]
>>> u = v.reshape((2,3))    # 2次元に変形
>>> print(u)
[[0 1 2]
 [3 4 5]]
```

この操作は，実際のデータには触れません．つまり，2 つの配列 v と u は同じデータを参照しています．全要素数（size）が同じで形（shape）が異なる配列は，物理メモリ上で同じ配置になっているためです❷図1.2．このようにして生成された配列 u を，配列 v の**ビュー**（**view**）とよびます**注1**．一方のデータを変えると，もう一方のデータも変わります❷B.4節．reshape メソッドはさまざまな場面で利用できる有用な機能ですが，2 次元配列を扱う例題❷2.5節,3.8節でとくに活躍します．

注1　ただし，配列にスライスを適用して得られるビューに reshape を適用した場合には，コピーが生成されることもあります．得られる配列がメモリ上で連続的に配置されないためです．

reshape の形指定で -1 と書いた成分には，要素数が自動で割り当てられます．たとえば，上の例の 2 次元配列への変形は v.reshape((2,-1)) や v.reshape((-1,3)) と書くこともできます．ただし，2 か所以上に -1 を入れることはできません．この記法を利用すると，配列の 1 次元化は次のように書けます．

```
>>> w = v.reshape(-1)  # 1次元化
>>> print(w)
[0 1 2 3 4 5]
```

なお，これは v.ravel() とも書けます．また，flatten() も配列の 1 次元化を行うメソッドですが，こちらはコピーが生成されます．覚える関数を減らすために，コピーの要・不要に応じて，v.reshape(-1) と v.reshape(-1).copy() を使い分けるのがよいと思います．

配列の操作を行う関数・メソッドは，NumPy Reference の「Routines」→「Array manipulation routines」にまとまっています．その中から一部を抜粋して，表 B.5 に挙げます．公式ドキュメントで使い方を調べる際には，その関数がビューを返すのかコピーを返すのかにも注意して見てください．

表 **B.5** 配列の操作を行う関数・メソッド

関数・メソッド	説明
transpose(a, axis=None)	軸の入れ替え
vstack([a1, a2, ...])	配列を縦方向（vertical）に結合
hstack([a1, a2, ...])	配列を横方向（horizontal）に結合
concatenate((a1, a2, ..), axis=0)	複数の配列を axis 軸方向に結合
roll(a, shift, axis=0)	配列の要素を axis 軸方向に shift 個だけ回転

B.4 | スライス：要素の抽出

インデックスを指定して配列から 1 つまたは複数の要素を抜き出すことを，**indexing**（訳すなら，インデックス操作）といいます．**スライス**（**slice** または **slicing**）という機能を使うと，NumPy 配列から一部の要素を抽出した新しい配列を簡単に作ることができます．スライスの記法は [start:stop:step] で，start から stop より前までのインデックスを step 刻みで抜き出します．stop は**含まれない**ので注意してください．step は省略可能で，その場合は step=1 となります．

以下に具体例を示します．まずは配列を生成します．

```
>>> v = np.arange(10)
>>> v
array([0, 1, 2, 3, 4, 5, 6, 7, 8, 9])
```

以下は，step を指定しない場合のスライスの例です．

```
>>> v[2:5]  # 2番目から5番目より前まで
array([2, 3, 4])

>>> v[:5]   # 最初から5番目より前まで
array([0, 1, 2, 3, 4])

>>> v[2:]   # 2番目から最後まで
array([2, 3, 4, 5, 6, 7, 8, 9])

>>> v[2:-2]  # 2番目から，最後から2番目より前まで
array([2, 3, 4, 5, 6, 7])
```

最後の例のようにマイナスをつけると，最後から n 番目の要素を指します．次に，step を使った例を示します．

```
>>> v[::2]  # 偶数番目のみ
array([0, 2, 4, 6, 8])

>>> v[1::2]  # 奇数番目のみ
array([ 1,  3,  5,  7,  9])

>>> v[::-1]  # 逆順
array([ 9,  8,  7,  6,  5,  4,  3,  2,  1,  0])
```

とくに，最後に示した逆順の配列を得る記法は便利なので，覚えておくとよいでしょう．

多次元配列の場合には，複数の軸に同時にスライスを適用することが可能です．たとえば，以下の記法が可能です．

```
>>> w = np.arange(24).reshape(2, 3, 4)
>>> w[:, 1:3, :2]  # 複数の軸にスライスを適用
>>> w[:, :, 0]  # 最後の軸だけ要素を指定
>>> w[..., 0]  # 等価
```

最後に，スライスに関して 1 つ注意点を述べます．スライスでは配列のコピーが生成されるわけではなく，同じデータを参照する**ビュー**が生成されます．そのため，スライスで生成した配列に変更を加えると，**元の配列もその変更を受けます**．以下に具体例を示します．

```
>>> v_view = v[:5]  # スライスによりビューを作成
>>> v_view[1] = -10  # ビューに変更を加える
>>> v_view  # ビューは当然変わる
array([  0, -10,   2,   3,   4])
```

```
>>> v  # 元の配列も変わる！
array([ 0, -10,   2,   3,   4,   5,   6,   7,   8,   9])
```

配列 v_view の要素を変更したことで，元の配列 v も変更を受けていることがわかります．
もし，元の配列を変更したくない場合には，意図的に**コピー**（**copy**）を作る必要がありま
す．コピーに変更を加える例を示します．

```
>>> v_copy = v[5:].copy()  # コピーを作成
>>> v_copy[0] = -5  # コピーされた配列を変更
>>> v_copy  # コピーは当然変わる
array([-5,  6,  7,  8,  9])

>>> v  # 元の配列は変わらない
array([0, 1, 2, 3, 4, 5, 6, 7, 8, 9])
```

なお，コピーの生成は np.copy(v[5:]) と書いても同じで，メソッドか関数かの違いで
す●A.7節．コピーの作成には計算コストがかかるので，必要に応じてコピーとビューを意
識的に使い分けるようにしてください．

B.5 | 高度なインデックス操作

　スライスよりも高度なインデックス操作は，**Advanced indexing** または **Fancy indexing**
とよばれます．Advanced indexing は，スライスの場合とは異なり，必ずコピーを生成し
ます．以下で，3 種類の方法を説明します．

◆──要素を指定する方法

　スライスのように何番から何番までというひとまとまりの要素ではなく，規則的ではな
い特定の要素を取り出したい場合には，インデックスのリスト（あるいは NumPy 配列）
を配列の [] に与えます．

```
>>> v = np.arange(6) * 10  # 1次元配列を生成
>>> v
array([ 0, 10, 20, 30, 40, 50])

>>> indices = [0, 5, 3]  # 取り出したいインデックスのリスト
>>> v[indices]
array([ 0, 50, 30])
```

多次元配列に対しても，同様の操作が可能です．

```
>>> w = np.arange(12).reshape(3, 4) * 10  # 2次元配列を生成
>>> w
array([[  0,  10,  20,  30],
       [ 40,  50,  60,  70],
       [ 80,  90, 100, 110]])

>>> w[[2, 0], :]  # 一部の行のみ抽出
array([[ 80,  90, 100, 110],
       [  0,  10,  20,  30]])
```

ただし，スライスのように，この記法を 2 つ以上の軸に同時に行うことはできません．2 つ以上の軸のインデックスを指定して要素を抽出したい場合には，`np.ix_` 関数を使うのが便利です．

```
>>> rows = [2,0]  # 行のインデックスのリスト
>>> columns = [0, 2, 3]  # 列のインデックスのリスト
>>> w[np.ix_(rows, columns)]  # 特定の行と列を抽出
array([[ 80, 100, 110],
       [  0,  20,  30]])
```

◆──ブール値を使った要素抽出法

NumPy 配列の [] にブール値（True または False）のリストを与えることで，True の要素のみを抽出した新しい配列を作ることができます．この方法は，配列の比較演算や判定関数と組み合わせると便利です．比較演算を使用した例を示します．

```
>>> x = np.array([1, -1, 2, -3])  # 正と負の混ざった配列
>>> x < 0  # 比較演算
array([False,  True, False,  True])

>>> x[x < 0]  # 負の要素のみを抽出
array([-1, -3])

>>> x[x < 0] = 0  # 負の要素をゼロで置換
>>> x
array([1, 0, 2, 0])
```

このように，比較演算を [] の中に書くことで，条件に一致した要素のみを抜き出したり，条件に一致した要素に対して選択的に操作や演算を行うことができます．

◆──次元の操作

`np.newaxis` オブジェクトを使うと，配列の次元を増やして，次元の異なる配列どうしの演算や結合などを行うことができます．たとえば，以下のコードでは，1 次元配列 x_i から 2 次元配列 $y_{ij} = x_i + x_j$ を生成しています．

```
>>> x = np.arange(5)
>>> x[:, np.newaxis] + x[np.newaxis, :]
array([[0, 1, 2, 3, 4],
       [1, 2, 3, 4, 5],
       [2, 3, 4, 5, 6],
       [3, 4, 5, 6, 7],
       [4, 5, 6, 7, 8]])
```

なお，np.newaxis は None で置き換えることもできます.

B.6 | ファイルへの保存と読み込み

NumPy 配列をファイルに保存する場合は，目的に応じて以下の 2 通りの方法を使い分けます.

テキスト形式　人間が読める形式で保存されます．保存したデータを別のグラフソフトなどで利用したい場合には，こちらを使います.

バイナリ形式　配列の shape やデータ型を含むすべての情報が，機械語のまま保存されます．人間がファイルの中身を読むことはできません．データを一時保存しておく場合や，別の Python プログラムでデータを使用したい場合には，こちらを使います.

順に解説します.

◆——テキスト形式

テキスト形式で NumPy 配列を保存するには，np.savetxt 関数を使います．もっとも基本的な使い方を以下に示します.

```
x = np.linspace(0, 1, 4)
np.savetxt("x.dat", x)
```

第 1 引数はファイル名，第 2 引数は NumPy 配列です．NumPy 配列は 2 次元でも可です．このコマンドを実行して出力されたファイル x.dat の中身は，次のようになります.

```
0.000000000000000000e+00
3.333333333333333148e-01
6.666666666666666297e-01
1.000000000000000000e+00
```

np.savetxt 関数のオプション引数で，書式などを指定できます．以下に例を示します.

```
np.savetxt("y.dat", x, fmt='%.6f', delimiter=' ',
    header="テストデータ", footer='以上', comments='# ')
```

出力ファイル y.dat の中身は, 次のようになります.

```
# テストデータ
0.000000
0.333333
0.666667
1.000000
# 以上
```

fmt は書式を指定する文字列, delimiter は列の区切り文字 (2 次元配列の場合), header は
ファイルの冒頭に記す文字列, footer はファイルの末尾に記す文字列, comments は header
と footer の文頭に付与する文字列です. 上の例の delimiter と comments は, デフォル
ト値のままです.

テキストファイルの読み込みには, np.loadtxt 関数を使います. 先ほど出力したファ
イル y.dat を読み込むには, 次のようにします.

```
>>> y = np.loadtxt("y.dat")
>>> y
array([0.      , 0.333333, 0.666667, 1.      ])
```

ファイル内の # で始まる行は, コメント文と認識されて無視されます.

◆——バイナリ形式

バイナリ形式で NumPy 配列を保存・読み込みするには, 以下の関数を使います.

- np.save 関数：1 つの配列を保存
- np.savez 関数：複数の配列を保存
- np.savez_compressed 関数：複数の配列を圧縮して保存
- np.load 関数：バイナリファイルを読み込み (保存に使用した関数によらず共通)

1 つの配列のみを保存する場合には, np.save 関数を使用すると, np.savez 関数に比べて
記述がシンプルになります. しかし, np.save と np.savez を使い分けるのが面倒という
場合には, np.save 関数を使わずに, つねに np.savez あるいは np.savez_compressed を
使う手もあります.

np.save 関数の使用例を以下に示します.

```
>>> x = np.arange(12).reshape((2,3,2)) * np.pi
>>> np.save('test', x)    # バイナリ形式でNumPy配列を保存
```

数値を複雑にするために，π を掛けて無理数にしました．拡張子「npy」がついたファイル test.npy にデータが保存されます．データを読み込むには，np.load 関数を使います．このとき，ファイル名を**拡張子を含めて**指定します．

```
>>> y = np.load('test.npy')  # バイナリ形式のファイルを読み込み
>>> np.array_equal(x, y)  # 2つの配列を比較
True
```

np.array_equal 関数は，配列の全要素の比較をする関数です．結果が True であることから，ファイルから読み込んだデータが元のデータと完全に一致していることがわかります．これがバイナリ形式を使うメリットです．

　複数の NumPy 配列を 1 つのファイルに保存したい場合には，np.savez 関数あるいは np.savez_compressed 関数を使います．どちらの関数も使い方はまったく同じなので，np.savez 関数の使用例を以下に示します．

```
x = np.full((10,), -1, dtype=float) * np.pi
y = np.full((10, 20), 5j, dtype=complex) * np.sqrt(2)
np.savez("test", x=x, y=y)  # 複数のNumPy配列をバイナリ形式で保存
```

先ほどの例と同じく無理数としました．第 2 引数以降に，保存するデータを「保存名＝変数名」の形式で与えます．ファイル名には，拡張子「npz」が自動的につきます（いまの場合は test.npz）．ファイルからデータを読み込むには，先ほどの例と同じく np.load 関数を使います．

```
>>> npz = np.load("test.npz")  # バイナリ形式のファイルを読み込み
>>> npz.files  # 読み込んだNumPy配列の名前一覧を表示
['x', 'y']
```

各データには，辞書と同じ記法でアクセスします．

```
>>> x2, y2 = npz['x'], npz['y']
>>> np.array_equal(x, x2) # 配列を比較
True
>>> np.array_equal(y, y2) # 配列を比較
True
```

先ほどの np.save 関数の場合と同じく，元のデータと完全に一致していることが確認できます．

　np.savez() の代わりに np.savez_compressed() を使うと，データを圧縮して保存できます．ただし，保存と読み込みに余分な時間がかかります．ディスク容量と実行時間の兼ね合いで，どちらかを選ぶとよいと思います．np.savez_compressed() の使用方法やファイル名につく拡張子は，np.savez() の場合とまったく同じです．

B.7 | 行列と線形代数

1.2.5 項で述べた演算子 +, -, @ で行う基本演算以外にも，さまざまなベクトル演算や行列演算が関数として用意されています．NumPy Reference の「Routines」→「Linear algebra」に一覧があります．その中から一部を**表 B.6** に示します．inner 関数や outer 関数などはベクトル（1 次元配列）どうしだけでなく，多次元配列に対しても定義されています．ただし，共通のルールではないので，その都度公式ドキュメントを参照する必要があります．多次元配列どうしの演算には，einsum 関数が汎用的で便利です．

表 B.6 NumPy で用意されているベクトル演算や行列演算の関数

関数	説明
matmul(x1, x2)	行列積（@ 演算子と等価）
inner(a, b)※	ベクトルどうしの内積 $\boldsymbol{a} \cdot \boldsymbol{b} = \sum_i a_i b_i$
vdot(a, b)	ベクトルどうしの内積 $\boldsymbol{a}^* \cdot \boldsymbol{b} = \sum_i a_i^* b_i$（$a_i^*$ は複素共役）
cross(a, b)	ベクトルどうしの外積 $\boldsymbol{a} \times \boldsymbol{b}$ $((\boldsymbol{a} \times \boldsymbol{b})_i = \sum_{jk} \epsilon_{ijk} a_j b_k)$
outer(a, b)	ベクトルどうしの直積 $\boldsymbol{a} \otimes \boldsymbol{b}$ $((\boldsymbol{a} \otimes \boldsymbol{b})_{ij} = a_i b_j)$
kron(a, b)	行列どうしのクロネッカー積 ❍ 3.8 節, 4.4 節
einsum()	アインシュタインの縮約記法に沿ったテンソル演算（下記参照）

※dot(a, b) という関数もある．

np.einsum 関数は任意の個数のテンソルを含むテンソル積をシンプルに記述でき，かつ高速に実行できる汎用的な関数です．名前は Einstein summation の略で，アインシュタインの縮約記法を意味します．この関数を使いこなすと非常に便利なので，簡単に使い方を紹介します．たとえば，1.2.5 項の @ 演算子の例は，np.einsum 関数を使うと以下のように書けます．

```
np.einsum('ij,jk->ik', mat, mat)  # 行列-行列積
np.einsum('ij,j->i', mat, vec)  # 行列-ベクトル積
np.einsum('i,ij->j', vec, mat)  # ベクトル-行列積
np.einsum('i,i', vec, vec)  # ベクトル-ベクトル積
```

第 1 引数の文字列において，-> の左側に元の配列のインデックスをカンマ区切りで並べ，右側に演算後のインデックスを書きます．右側にないインデックスについては，和（縮約）がとられます．

◆——線形代数モジュール

高度な線形代数演算は，numpy.linalg モジュールと scipy.linalg モジュールにあります．どちらのモジュールにも同じ名前の関数があり，どちらを使えばよいのか悩むとこ

ろです．参考として，SciPy の公式ドキュメントの記述を引用します．

> scipy.linalg は numpy.linalg にあるすべての関数を含んでおり，さらに，
> numpy.linalg にはない高度な関数も提供している．それだけでなく，SciPy は
> つねに内部で BLAS や LAPACK ライブラリを使用するため，高速な計算が保
> 証される（NumPy の場合はインストール方法に依存[注2]）．したがって，SciPy
> への依存性をなくしたいという特別な場合を除いて，numpy.linalg ではなく
> scipy.linalg を使用しておけば間違いない．
>
> （SciPy 公式ドキュメント[注3]より，筆者訳）

SciPy 側の主張ではありますが，scipy.linalg のほうが関数や機能（オプション引数）が
充実しているのは事実です．すべて SciPy で統一するという方針でもよいですし，NumPy
にも含まれている基本的な演算は NumPy で行って，SciPy にしかない高度な演算は SciPy
で行うという方針でも構わないと思います．本書の解説は，scipy.linalg で統一します．
　scipy.linalg モジュールに含まれる関数の一覧は，SciPy documentation の「API
reference」→「Linear algebra」にあります．その中から一部を**表 B.7** に示します．

表 B.7　scipy.linalg モジュールに含まれる関数

関数	説明
inv(a)	逆行列 A^{-1}
det(a)	行列式 $|A|$
norm(a, ord=None)	ベクトルおよび行列のノルム $|a| = \sqrt{\sum_i |a_i|^2}$, $\|A\| = \sqrt{\sum_{ij} |A_{ij}|^2}$（ord 引数でノルムの種類を指定できる）
eig(), eigh()	一般行列およびエルミート行列の対角化⊃4.2節
solve(a, b)	連立方程式 $Ax = b$ の解を計算
lu_factor(a), lu_solve(lu, b)	LU 分解およびその結果を利用した連立方程式 $Ax = b$ の解法⊃3.7節
cho_factor(a), cho_solve(lu, b)	コレスキー分解およびその結果を利用した連立方程式 $Ax = b$ の解法⊃3.7節
svd(a)	特異値分解（singular value decomposition）

注2　np.show_config() 関数を呼び出すと，NumPy が内部で使用している BLAS や LAPACK などのライブラリを表示できます．

注3　https://docs.scipy.org/doc/scipy/tutorial/linalg.html

◆——疎行列に対する線形代数モジュール

疎行列の生成や演算には，`scipy.sparse` モジュールにある関数を使用します．NumPy 配列に対するものと同様の関数が用意されています．たとえば，以下の関数があります．

- `identity(n)`：単位行列を生成
- `diags(diagonals)`：リストから対角行列を生成
- `kron(A, B)`：クロネッカー積を計算

対角化や連立方程式などの線形代数には `scipy.sparse.linalg` モジュールに含まれる関数を使用します．疎行列の特徴を利用したアルゴリズムが利用できます．たとえば，以下の関数があります．

- `inv(A)`：逆行列
- `norm(x, ord=None)`：ノルム（ord オプションでノルムの種類を指定）
- `spsolve(a, b)`：連立方程式 $Ax = b$ の解法➲3.7節
- `eigsh(a)`：エルミート行列の対角化➲4.2節

疎行列クラスの使用例は，3.4 節や 3.8 節を参照してください．

付録 C Matplotlib の使い方

Matplotlib を使いこなせば，論文にも使用できる見栄えのよいグラフを作成することができます．この付録では，グラフを思いどおりに描くための方法を紹介します．

C.1 | グラフの点・線・色

グラフ描画に使用する `ax.plot` メソッドの書式は，次のようになっています．

```
ax.plot(x, y, **kwargs)
ax.plot(x, y, fmt, **kwargs)
```

x と y は同じサイズの 1 次元配列として与えるのが基本です．y は 2 次元配列も可能で，その場合は，各列ごとにグラフが描画されます．`**kwargs` は，その他のキーワード引数を表します（後述）．`fmt` は，グラフの点・線・色の種類を簡易的に指定する引数です．以下に `fmt` オプションの使用例を示します（データの生成部分は省略）．

```
fig, ax = plt.subplots()
ax.plot(x, y1, 'o-', label="circle and line")  # 点（○）と線
ax.plot(x, y2, 'x', label="point")  # 点（×）のみ
ax.plot(x, y3, '-', label="line")  # 線のみ（省略可）
ax.legend()  # 凡例を表示
fig.savefig("matplotlib_plot.pdf")
```

得られたグラフは**図 C.1** です．

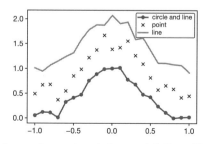

図 C.1 `ax.plot` の `fmt` オプションを使用して描いた図

fmt の書式は，次のように与えられます．

```
fmt = '[marker][line][color]'
```

marker は点（マーカー）の種類，line は線の種類，color は色を表します．それらのう
ち，指定したいものを表す記号を並べます．指定可能な記号の一部を，**表 C.1** に示します．
なお，fmt を使って指定できる色は，アルファベット 1 文字が割り当てられている 8 種類
だけです．ほかの色を指定したい場合には，あとで示す color オプションを使用します．

表 C.1　fmt で指定可能な文字列の例

marker に指定可能な文字列	説明
'.'	点
'o'	丸
'+'	プラス
'x'	バツ
'' または ' ' または 'None'	なし（デフォルト）
linestyle に指定可能な文字列	**説明**
'-' または 'solid'	実線（デフォルト）
'--' または 'dashed'	破線
':' または 'dotted'	点線
'' または ' ' または 'None'	線なし
color に指定可能な文字列	**説明**
'b'	青
'g'	緑
'r'	赤
'c'	シアン（'cyan' とは違う色）
'm'	マゼンタ（'magenta' とは違う色）
'y'	黄（'yellow' とは違う色）
'k'	黒
'w'	白

　点・線・色も含めてすべてのオプションはキーワード引数として指定できます．オプショ
ンは無数に存在します．以下に使用例を示します．

```
# オプションを辞書にまとめる
opt = dict(
  label = 'test',  # 凡例に表示するラベル
  linestyle = 'solid',  # 線の種類
  linewidth = 3,  # 線の幅
  color = 'blue',  # 線の色（マーカーにも影響する）
  marker = 'o',  # マーカーの種類
  markersize = 10,  # マーカーのサイズ
  markeredgewidth = 2,  # マーカーの淵の線の幅
  markeredgecolor = 'red',  # マーカーの淵の色
```

```
    markerfacecolor = 'pink',  # マーカーの内側の色
)
fig, ax = plt.subplots()
ax.plot(x, y, **opt)  # 辞書を展開してキーワード引数として渡す
ax.legend()  # 凡例を表示
fig.savefig("matplotlib_plot_kwargs.pdf")
```

結果は**図 C.2**です．オプションが多い場合には，ax.plot() の括弧内にすべてのオプションを書くと煩雑になってしまいます．そこで上の例のように，オプションをいったん辞書にまとめておいて，その辞書を ax.plot() に与える書き方が有効です．この書き方を使うと，オプションを複数のグラフで使い回すこともできます．また，共通のオプションと共通でないオプションを分けて，次のような書き方も可能です．

```
ax.plot(x, y, **opt_common, marker='.')  # 共通のオプションのみ辞書で与える
ax.plot(x, y, **opt1, **opt2)  # 複数の辞書を与える
```

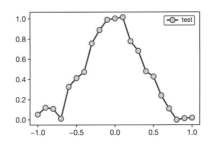

図 C.2 ax.plot でさまざまなオプションを使用して得られた図の例

C.2 | Figure の調整

　Figure の調整方法は 2 通りあります．1 つは Figure オブジェクトの生成時（plt.figure() や plt.add_subplots()）にオプションとして与える方法，もう 1 つは Figure オブジェクト生成後にメソッドを呼び出す方法です（fig.show() など）．いずれの方法も，オプション・メソッドの一覧は，公式ドキュメントの「Reference」→「matplotlib.figure」にあります．

　まずは，Figure オブジェクトの生成時に指定できるオプションのうち，代表的なものを**表 C.2** に挙げます．tight_layout と constrained_layout ではレイアウト調整のアルゴリズムが異なり，グラフの配置が変わります．公式ドキュメントでは constrained_layout が推奨されています．ただし，見栄えのよさは場合によるので，両方試して，その都度好

表 C.2　Figure オブジェクト生成時のオプション

オプション	説明
figsize	サイズ（インチ単位で指定，デフォルトは (6.4, 4.8)）
dpi	図の解像度（デフォルトは 100.0）
facecolor, edgecolor	背景の色，縁の色
tight_layout	True にするとレイアウトが調整される．
constrained_layout	True にするとレイアウトが調整される．
sharex, sharey	複数のグラフを描く場合に，x 軸または y 軸を共通にする．

表 C.3　Figure オブジェクトのメソッド

メソッド	説明
fig.show()	図を画面に表示する．
fig.savefig(fname)	図をファイルに保存する（拡張子に応じてファイル形式が自動的に選ばれる）．
fig.suptitle(t)	図にタイトルをつける（個々のグラフにタイトルをつける場合は ax.set_title を使う）．

みのほうを利用するのがよいと思います[注1]．

次に，Figure オブジェクトのメソッドの一部を**表 C.3** に示します．

C.3 | Axes の調整

Axes オブジェクトに対して使用できるメソッドの一覧は，公式ドキュメントの「Reference」→「matplotlib.axes」にあります．以下に挙げるのは，そのうちのほんの一部です．なお，以下ではオプション引数は一部だけ示しています．詳細は公式ドキュメントを参照してください．なお，検索するときは，キーワードとして「matplotlib axes set_xtics」のように「axes」を含めておくと確実です．pyplot インターフェースではなく，オブジェクト指向インターフェースのメソッドを確実にヒットさせるためです．

表 C.4 に，Axes オブジェクトのメソッドのうち，代表的なものを示します．なお，set_x で始まる名前のメソッドは x 軸の調整に関するメソッドを表し，x を y で置き換えた y 軸に関するメソッドもあります．軸の目盛り（tick）を指定するには，すべての座標をリスト形式で列挙して指定する必要があります．一定間隔でメモリを表示したい場合には，np.arange 関数[⊙B.1節]と組み合わせて次のように指定するのが簡単です．

```
ax.set_xticks(np.arange(0, 11, 2))   # 0から2刻みで10まで
```

注1　バージョン 3.5.0 以降では，tight_layout と constrained_layout の代わりに layout オプションが推奨されています．このオプションに 'tight' または 'constrained' を指定します．

表 **C.4** Axis オブジェクトのメソッド（代表的なもの）

タイトル，ラベル	説明
ax.set_title(label)	グラフのタイトルを指定
ax.set_xlabel(xlabel)	x 軸のラベルを指定
ax.legend()	凡例を表示（表示する凡例は ax.plot() などの label オプションで与える）
範囲，スケール	**説明**
ax.set_xlim(left=None, right=None)	x 軸の範囲を指定
ax.set_ylim(bottom=None, top=None)	y 軸の範囲を指定
ax.set_xscale(value)	スケールを指定（value には "linear", "log", "symlog", "logit" が指定可能）
ax.set_aspect(aspect)	y 軸と x 軸のスケールの比（グラフのサイズの縦横比ではないので注意）を指定（aspect には実数値または 'auto' または 'equal'（+1 と等価）が入力できる）
目盛り	**説明**
ax.set_xticks(ticks)	目盛りを表示する座標をリスト形式（または NumPy 配列）で指定
ax.set_xtickslabels(labels)	目盛りに表示する文字列を指定（必ず ax.set_xticks() のあとで使用し，labels は ax.set_xticks() に与えた ticks と同じ長さの配列にする）
見た目	**説明**
ax.set_facecolor(color)	背景の色を指定
ax.grid()	グリッドを表示
補助線，テキスト※	**説明**
ax.axhline(y=0, xmin=0, xmax=1)	横線を描画（horizontal の略）
ax.axvline(x=0, ymin=0, ymax=1)	縦線を描画（vertical の略）
ax.text(x, y, s)	文字列 s を描画（座標 x, y はデータの座標系で指定．グラフの左下を (0, 0)，右上を (1, 1) とする座標系で指定したい場合には，オプションに transform=ax.transAxes を加える．）

※これらのメソッドは，厳密にいえば，プロットメソッドの一部に分類される．

C.4 1つの図に複数のグラフを描く方法

Figure と Axes の関係➡1.4.2項について理解していれば，1つの図に複数のグラフを描くことも簡単にできます．1つの Figure の中に複数の Axes オブジェクトを作り，各 Axes オブジェクトに対してグラフを描けばよいのです．

複数の Axes オブジェクトを生成するには，plt.subplots() の引数に，縦と横に並べる

グラフの数を与えます.

```
# 複数のAxesオブジェクトをまとめてaxsに代入
fig, axs = plt.subplots(2, 2)  # 2×2配置のグラフ

# 個々のAxesオブジェクトをax1, ax2などに代入
fig, (ax1, ax2) = plt.subplots(1, 2)  # 2つのグラフを横に並べる
fig, (ax1, ax2) = plt.subplots(2, 1)  # 2つのグラフを縦に並べる
fig, ((ax1, ax2), (ax3, ax4)) = plt.subplots(2, 2)  # 2×2配置のグラフ
```

axs は,Axes オブジェクトの NumPy 配列(1 次元または 2 次元)です.後半の例のよう
に NumPy 配列を展開(unpack)すると,個々の Axes オブジェクトを別々の変数として
受け取ることもできます.

　例として,2×2 配置の 4 つのグラフにルジャンドル多項式 $P_n(x)$ を $n = 0$ から 3 ま
で順にプロットしてみます.

```
from scipy import special
fig, axs = plt.subplots(2, 2, figsize=(6, 5), constrained_layout=True, sharex=True,
        sharey=True)
axs_1d = axs.reshape(-1)  # axsを1次元化
x = np.linspace(-1, 1, 101)  # x座標
for n in range(4):
  pn = special.legendre(n)  # n次のルジャンドル多項式
  ax = axs_1d[n]  # n番目のAxesオブジェクト
  ax.plot(x, pn(x))
  ax.set_title(rf"$P_{n}(x)$")  # LaTeX記法
  ax.set_xlabel(r"$x$")  # LaTeX記法
  ax.grid()
fig.savefig("matplotlib_legendre.pdf")
```

図 C.3 が得られたグラフです.plt.subplots() の引数の figsize オプションは図のサイ
ズをインチ単位で指定するオプション,constrained_layout はグラフの配置を調整する
オプションです.複数のグラフを描く場合には,これを呼び出しておかないとグラフが重
なってしまうことがあります.代わりに,tight_layout オプションもあります.sharex
と sharey は,すべてのグラフで x 軸または y 軸を共有するオプションです.タイトルや
ラベルの文字列内において,ドル記号($)で囲まれた部分は LaTeX コマンドとして解釈
されます.文字列の前についている r は raw 文字列を意味し,LaTeX で使用するバックス
ラッシュ(\)あるいは円マーク(¥)をそのまま認識させるために必要です❍ A.6 節.

　より自由度の高い配置を作るには,fig.add_subplot メソッドと GridSpec クラスを組
み合わせます.以下は,2×3 のグリッドにグラフを配置する例です.

```
fig = plt.figure(figsize=(8, 4), constrained_layout=True)
gs = fig.add_gridspec(2, 3, width_ratios=(1, 1, 1.5), height_ratios=(2, 1))
# 2×3のグリッドを生成
# width_ratios, height_ratiosでそれぞれグリッドの幅と高さを指定
```

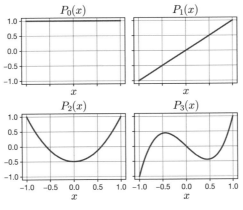

図 C.3 複数のグラフ配置の例

```
ax1 = fig.add_subplot(gs[0, 0])   # (0, 0)にAxesを生成
ax2 = fig.add_subplot(gs[0, 1])   # (0, 1)にAxesを生成
ax3 = fig.add_subplot(gs[0:2, 2]) # (0, 2)と(1, 2)にまたがったAxesを生成
ax4 = fig.add_subplot(gs[1, 0:2]) # (1, 0)と(1, 1)にまたがったAxesを生成
fig.savefig("matplotlib_gridspec.pdf")
```

図 C.4 が得られた図です．`fig.add_gridspec()` で GridSpec クラスのオブジェクト `gs` を生成し，それを `fig.add_subplot()` に渡すことで 1 つまたは複数のマスにまたがった Axes オブジェクトを生成できます．このとき，マスの範囲は NumPy のスライス記法[B.4節]を使って指定します．なお，`fig.add_gridspec` メソッドを実行する代わりに，`matplotlib.gridspec.GridSpec` クラスを直接呼び出す方法もありますが，その場合は追加のインポートが必要になってしまうので，上記の方法をお勧めします．得られる図はどち

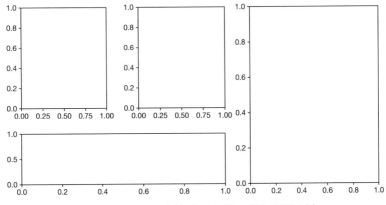

図 C.4 GridSpec を使用した複数のグラフ配置の例

らでも同じです．`fig.add_gridspec()` のオプションの `width_ratios` と `height_ratios` は，それぞれグリッドの各マス目の幅と高さ（相対値）です．省略すると，等幅のグリッドになります．

C.5 アニメーションの作成方法

アニメーションを作成するには，`matplotlib.animation` モジュールに含まれる次のいずれかのクラスを使用します．

- `FuncAnimation`：関数を繰り返し呼び出しながらアニメーションを作成
- `ArtistAnimation`：事前に作成した図の集合からアニメーションを作成

計算をしながら，アニメーションをリアルタイムで画面に出力したい場合には，`FuncAnimation` 一択になります．あらかじめ計算をしておいて結果がすべてそろっている場合には，どちらの方法でも可能です．

どちらの方法を選ぶかは好みですが，筆者の印象では，オブジェクト指向インターフェース🔗1.4.1項との組み合わせでは，`ArtistAnimation` のほうがわかりやすいと思います．`FuncAnimation` は pyplot インターフェースとの組み合わせだとわかりやすいですが，オブジェクト指向インターフェースの場合には動作がわかりにくい印象です．オブジェクト指向インターフェースなら `ArtistAnimation` を，pyplot インターフェースなら `FuncAnimation` の使用をお勧めします．

本書はオブジェクト指向インターフェースで統一する方針なので，`ArtistAnimation` を使用しています．詳細は 3.4 節を参照してください．

おわりに

　本書の内容は，筆者によるウェブページ「python で学ぶ計算物理」がベースになっています．そのウェブページを立ち上げた理由は，筆者が大学で計算物理の講義を担当し始めたときに，満足のいく資料がなかったためです．講義資料としては，物理として面白い題材を扱っていることが第一条件です．そして第二に，サンプルコードを真似するうちに，Python や NumPy の「正しい」使用方法が身につくことが重要であると考えました．プログラミング言語を修得すれば，解けない問題を「解ける問題」にすることができます．Python はそのハードルを大きく下げています．その導入となる資料を目指して一から作り，そして，せっかく時間をかけて作ったのだからとウェブで公開しました．

　そのウェブページや本書を執筆するにあたり，多くの文献を参考にしました．その中からお勧めの本を紹介します．数値計算アルゴリズムの解説書としては，筆者は『Numerical Recipes in C』[1] を愛用しています．アルゴリズムに関して調べたいことがあったら，まず開く辞書的な本です．物理への応用を前提とした解説としては，朝倉書店の「基礎物理学シリーズ」の 3 冊 [8,9,10] が広く網羅されていてよいと思います．

　Python の解説書としては，『Effective Python』[2] を強く勧めます．「とりあえず動くコード」から「簡潔な記述で高速に動く Pythonic なコード」へ進むための指針となります．本書のサンプルコードは，『Effective Python』の影響を強く受けています．何か疑問があるときのウェブ検索では，「stack overflow」がもっとも参考になりました．困ったときはぜひ疑問を英語の文章にして検索してみてください．該当する記事がたいてい見つかります．あとはとにかく公式ドキュメントを参照して正しい情報を得てください．最後は結局，公式ドキュメントに行き着きます．

　最後に，プログラミングは「習うより慣れよ」です．身近な題材を取り上げて，とりあえず解いてみてください．

2023 年 7 月

大槻純也

参考文献

［1］ William H. Press, Saul A. Teukolsky, William T. Vetterling, Brian P. Flannery 著, 丹慶勝市, 佐藤俊郎, 奥村晴彦, 小林誠 訳, 『Numerical Recipes in C［日本語版］』(技術評論社, 1993).
数値計算アルゴリズム全般について書かれた本. 対象とする問題に対して適用できそうなアルゴリズムの全体像を知りたい場合や, 特定のアルゴリズムの詳細について調べたい場合に, まずはこの本を調べるとよいでしょう.

［2］ Brett Slatkin, *Effective Python 2nd edition: 90 Specific Ways to Write Better Python* (Addison-Wesley Professional, 2019).
黒川利明 訳, 石本敦夫 技術監修, 『Effective Python 第 2 版：Python プログラムを改良する 90 項目』(オライリー・ジャパン, 2020).
第 2 版で項目数が 59 から 90 に増えて, Python3 に特化しました.

［3］ 川勝年洋, 『統計物理学 (現代物理学［基礎シリーズ］4)』(朝倉書店, 2008).

［4］ 川村光, 『統計物理 (パリティ物理学コース)』(丸善出版, 1997).

［5］ J. J. サクライ 著, J. ナポリターノ 編著, 桜井明夫, 常次宏一 訳, 『現代の量子力学 (上) 第 3 版』(吉岡書店, 2022).

［6］ 斯波弘行, 『新版 固体の電子論』(森北出版, 2019).

［7］ 高岡詠子, 『シャノンの情報理論入門 (ブルーバックス)』(講談社, 2012).

［8］ 夏目雄平, 小川建吾, 『計算物理 I (基礎物理学シリーズ 13)』(朝倉書店, 2002).

［9］ 夏目雄平, 植田毅, 『計算物理 II (基礎物理学シリーズ 14)』(朝倉書店, 2002).

［10］ 夏目雄平, 小川建吾, 鈴木敏彦, 『計算物理 III (基礎物理学シリーズ 15)』(朝倉書店, 2002).

［11］ 西森秀稔, 大関真之, 『量子アニーリングの基礎 (基本法則から読み解く物理学最前線 18)』(共立出版, 2018).

［12］ 和達三樹, 『非線形波動 (岩波講座 現代の物理学 14)』(岩波書店, 1992).

索引

著者略歴

大槻純也（おおつき・じゅんや）

2008 年　東北大学大学院理学研究科物理学専攻 博士課程修了
2008 年　東北大学大学院理学研究科物理学専攻 助教
　　　　（2011～2013 年　アウグスブルク大学 日本学術振興会海外特別研究員）
2018 年　岡山大学異分野基礎科学研究所 准教授
　　　　現在に至る
　　　　博士（理学）

Python による計算物理

2023 年 9 月 21 日　第 1 版第 1 刷発行
2024 年 5 月 13 日　第 1 版第 2 刷発行

著者　　　　大槻純也

編集担当　　大野裕司（森北出版）
編集責任　　宮地亮介・藤原祐介（森北出版）
組版　　　　藤原印刷
印刷　　　　同
製本　　　　同

発行者　　　森北博巳
発行所　　　森北出版株式会社
　　　　　　〒102-0071　東京都千代田区富士見 1-4-11
　　　　　　03-3265-8342（営業・宣伝マネジメント部）
　　　　　　https://www.morikita.co.jp/